国家自然科学基金面上项目（52074120,52174089）
河北省自然科学基金面上项目（E2021508008）

浅埋煤层风氧化富水区域巷道失稳机理与控制

赵启峰　张　农　李桂臣　彭　瑞　著

U0186170

应 急 管 理 出 版 社

· 北　京 ·

内 容 提 要

    本书围绕风氧化煤岩变异特性、巷道围岩失稳垮冒机理等科学问题，以典型矿区风氧化巷道围岩失稳垮冒控制为工程背景，介绍了风氧化岩石力学属性及矿物组分变异特性、不同风氧化程度岩体本构方程与强度参数衰减模型、风氧化巷道开挖卸荷剪胀扩容力学机制、风氧化程度分级评价方法等理论成果。采用自主研制的风氧化富水巷道围岩变形破坏相似模拟实验平台，开展了不同风氧化程度巷道失稳垮冒物理模拟，对比分析渐变趋稳型风氧化顶板和突变致灾型风氧化顶板变形演化过程及宏观破坏特征，提出了风氧化富水巷道围岩控制关键技术并进行了工业验证，确保了浅埋风氧化特殊水文地质区域巷道围岩稳定。

    本书可供从事采矿工程、岩土工程、工程地质等研究领域的工程技术人员、科研工作者使用，也可供高等院校相关专业的师生阅读参考。

前　　言

　　煤层浅埋区域和提高开采上限地段风氧化侵蚀明显，煤岩微观结构连接弱化，强度衰减，层状沉积结构中黏土类矿物填隙比重增高，遇水泥化严重。风氧化围岩巷道，尤其是顶板淋涌水加剧承载结构裂变进程，存在失稳垮冒重大安全隐患，亟须进行基础理论研究和控制技术创新。

　　本书围绕风氧化煤岩变异特性、巷道围岩失稳垮冒机理等科学问题，以典型矿区风氧化巷道围岩失稳垮冒控制为工程背景，采用实验室测试分析、相似模拟、数值模拟及理论分析等研究方法，系统研究了风氧化富水巷道变形失稳垮冒机理与控制技术。基于风氧化岩石力学属性及矿物组分变异特性测试分析，形成了岩体风氧化程度分级评价新方法，并基于Java语言编程开发出一套巷道风氧化程度分级评价系统；应用弹塑性力学和剪胀扩容理论，建立了不同风氧化程度岩体本构方程和强度参数衰减模型，分析了扩容系数与塑性应变增量协同关系，揭示了风氧化巷道开挖卸荷剪胀扩容的力学机制，分析了强度参数与岩体抵御风氧化能力的内在关联性；采用自主研制的风氧化富水巷道围岩变形破坏相似模拟实验平台，开展了不同风氧化程度巷道失稳垮冒物理模拟，对比分析了渐变趋稳型风氧化顶板和突变致灾型风氧化顶板变形演化过程及宏观破坏特征；提出了风氧化富水巷道围岩控制关键技术并进行了工业验证，实现了浅埋风氧化特殊水文地质区域巷道围岩稳定。

　　本书得到了中国矿业大学郑西贵教授、阚甲广副教授、韩昌良副教授、钱德雨副教授的精心指导。感谢郭玉、潘东江、魏群、冯晓巍、杨森、郭罡业、王洋、梁东旭、谢正正、孙元田、陈淼等博士在实验设计及装置改进、现场应用时的深入探讨和细致构思。同时感谢华北科技学院刘玉德教授、王玉怀教授、彭瑞副教授、田多教授、师皓宇副教授、殷帅峰教授、刘金海副教授、朱权洁副教授、李昊博士、康庆涛博士在风氧化物理模拟及数值模拟方面的有益启发和热情帮助。中煤平朔集团井工三矿、井工一矿，淮北矿业（集团）有限责任公司芦岭矿，淮南矿业（集团）有限责任公司张集矿的有关领导和工程技术人员提供了典型风氧化工程地质资料和工业性实践应用场所，在此一并感谢！

　　书中研究成果是在现场工程中逐步开展的，有些观点还在探索研究阶段，诸多理论和工程实践问题有待进一步深入探究。鉴于作者的学识水平所限，书中难免存在不足之处，恳请各位读者不吝指正。

作 者

2020 年 11 月

目　　次

1　绪　　论

1.1　研究背景及意义

　　平朔、神东及两淮矿区一直是煤矿资源开采的重要基地，但因煤系地层赋存条件限制，煤层浅埋区域和提高开采上限地段受风氧化影响显著。风氧化巷道围岩处于岩性变异、高水压地质环境，软弱破碎，强度衰减，具有整体不良工程地质性质的变异地质体中，其中，氧化带是含煤岩系形成之后，岩层受地壳运动影响，因地表应力而发生剥蚀。赋存较浅的煤层，在大气和水的作用下发生风化。

　　风氧化作用使岩体结构面更加粗糙，裂隙更加发育并且削弱了岩石微观结构间的连接，使得充填于砂层孔隙中的黏土类矿物成分含量增高；松散层水和砂岩裂隙水不仅加剧了围岩的软化、膨胀和风化程度，而且造成锚杆（索）孔淋水，削弱支护体锚固性能，导致支护失效、承载结构失稳垮冒，给巷道围岩稳定性控制及高效掘进安全施工带来重大安全隐患。

　　中煤平朔井工三矿、井工一矿，淮南矿业集团张集煤矿、顾北煤矿、皖北煤电百善等煤矿在风氧化影响区域内巷道掘进及回采工程实践中，均出现过风氧化巷道围岩承载结构失稳垮冒事故，严重威胁矿井安全生产，如图1-1所示。

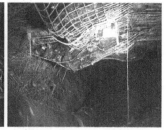

(a) 中煤平朔井工三矿　　　　　(b) 中煤平朔井工一矿　　　　　(c) 淮南矿业集团张集煤矿

图1-1　风氧化富水巷道变形失稳垮冒现场

　　中煤平朔井工三矿9煤层受断层和地表沟谷冲蚀影响，局部上抬、下沉或缺失，形成浅部连续风氧化区域。39107 综放面在辅运巷 $QF_9 \sim QF_{10}$ 标记区间存在宽度 60~65 m、长度 120~125 m 的风氧化影响区域。钻孔揭露地层显示，当上覆煤系地层厚度小于 138 m 时，39107 工作面出现"孤岛"状风氧化带，如图 1-2、图 1-3 所示。

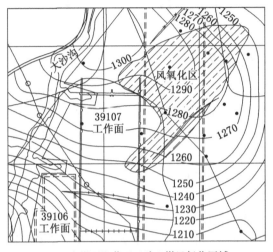

(a) 中煤平朔井工三矿 9 煤风氧化区域

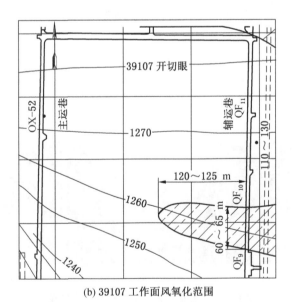

(b) 39107 工作面风氧化范围

图 1-2　中煤平朔井工三矿 9 煤风氧化区域及 39107 工作面风氧化范围

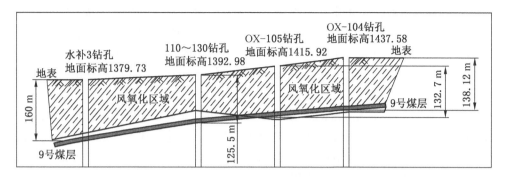

图 1-3 39107 工作面附近钻孔剖面图及风氧化发育范围

研究风氧化岩性变异及巷道渐变破坏机理，分析不同风氧化程度巷道失稳垮冒特征是进行巷道稳定性控制的基础。在上述地区有针对性地开展风氧化富水巷道变形失稳垮冒致灾机理及稳定性控制方面的研究工作还非常欠缺。

本书通过研究风氧化岩体力学属性及矿物组分相关变异特性，构建岩体风氧化程度分级评价新方法，揭示风氧化巷道变形破坏机理与失稳垮冒特征并提出风氧化巷道围岩控制关键技术，不仅能够丰富软弱富水地下工程岩体破坏失稳现有研究成果，同时为平朔、神东及两淮等矿区风氧化区域采掘工程安全提供理论基础和实践指导，具有重要的理论意义和实用价值。

1.2 国内外现状

1.2.1 风氧化煤岩体变异特征的研究现状

国外专家、学者对风氧化煤岩土体变异特征的研究较少。2000 年，John L. Jambor 和 D. Kirk Nordstrom 等研究提出早在古代人们就注意到土壤、岩石露头和矿山浅埋区域与气候有关的"风化"现象并举例说明。明矾形成于页岩和板岩中的黄铁矿氧化及地热区的含硫气体氧化，在古代被广泛开采并应用于金匠、染料和造纸领域，而且进一步研究了这些风化氧化产物对动物的毒性作用。

2002 年，Sophie Denimal 和 Nicolas Tribovillard 等以法国北部加来盆地北帕斯矿区为研究背景，分别在自由地下水位区和封闭含水层区现场采集样品，采用矿物化学分析方法分析了矿区上覆岩土体及含硫铁矿的煤矿矸石，研究得出风化和氧化作用可导致下部白垩含水层的矿物富集。

2008 年，Rachid Hakkou 和 Mostafa Benzaazoua 等采用地球化学方法和矿物学技术对盖塔拉矿山岩土体和次生沉淀物进行了矿物组分分析和表征，并在细颗粒矿物现场取样时研究了防止水渗入地下岩体从而降低风氧化效应的黏土层。

2012 年，Wang Wei 和 Yan Jiangwei 等在 2012 年国际安全科技研讨会上撰文，根据成煤期地质资料和煤矿开采揭露的煤岩体赋存地质资料，应用板块构造学和区域构造演化理论，研究了该煤矿煤岩体风氧化地质表征及瓦斯赋存的地质影响因素。

2013 年，Łukasz Kruszewski 等以波兰上西里西亚煤田为例，采用矿物化学方法和 X 射线衍射方法分析了硫酸盐矿物及岩土体不同化学成分的矿物形成细小的聚集晶体混合物，风化成分的复杂性是由环境的复杂赋存状态、水化反应、地下水和雨水以及大气氧化的综合作用效应。

2015 年，Mehdi Khorasanipour 等分析了 Sarcheshmeh 矿山风氧化岩土体的矿物组分，采用 X 射线衍射（XRD）、矿石显微镜和环境矿物学等方法对采集样品进行了研究，矿物组合由石英、黄铁矿、钠长石、正长石和伊利石等组成，这些矿物组合经受风氧化作用，可溶次生矿物种类繁多。

2016 年，Guibin Zhang 和 Wenquan Zhang 等通过现场和实验室研究，分析了煤矿上覆地层和冲积层的风化氧化工程地质及变异特性，因工作面上覆冲积层较厚而基岩较薄，上覆岩层受风氧化影响显著，风氧化顶板软弱易破坏。

2017 年，Elvis Fosso-Kankeu 和 Alusani Manyatshe 等以南非普马兰加省矿井为例，采用地球化学方法和 X 射线衍射（XRD）方法研究了风化氧化矿物及沉积物的形态和迁移率，研究得出风氧化次生矿物出现在风化壳中。

国内专家在风氧化煤岩土体变异特征研究方面，代表性成果主要有：

（1）杨本水等研究指出风化岩石强度普遍比未风化岩石低，抗压强度仅为同类未风化岩石的 10%～50%，且风化程度越高，强度降低幅度越大。何廷峻等针对未风化、微风化、弱风化和强风化岩石进行了水理性测试。宣以琼等研究得出岩石风化损伤后具有强度降低，塑变能力增强，亲水能力强，受水侵蚀易崩解膨胀等变异特性。

（2）刘伟韬等对第四系下部隔水层情况和基岩风氧化带赋存条件进行了分析。张志康等针对浅埋风氧化大断面硐室支护难题，通过电镜扫描、X 光衍射分析了氧化带软岩微观结构特征。田多等研究得出在风氧化影响范围内掘进巷道，围岩强度低、结构疏松、胶结性差，巷道自稳性能与支护体承载能力显著降低，非线性大变形导致巷道支护失效、承载结构失稳垮冒，给巷道围岩稳定性控制及高效掘进施工安全造成重大安全隐患。

1.2.2 风氧化富水等软弱巷道围岩变形破坏机理的研究现状

在风氧化富水等软弱巷道变形破坏效应、水致弱胶结岩体失稳机理研究领域，Cundall P A 进行了室内不同含水量岩石单轴、三轴、流变实验和弹塑性三维可视化数值仿真模拟。Sofianos A. L. 等采用离散元研究了锚杆支护巷道顶板变形破坏过程和失稳垮冒耦合机理。Marcel 等通过矿物成分及微观结构等角度分析了岩性弱胶结、泥岩易泥化崩解的原因。Komine 等通过电镜扫描技术分析了软岩弱胶结微观结构及其膨胀机理。Zdenek 等提出了软岩的塑性应变软化模型，建立了等效应力与等效塑性应变之间的关系。Dragon 等建立了基于裂纹密度参数的黏塑性损伤本构模型。

Benmokrane B、Wu Z M 等采用折现形式来描述软岩弱胶结界面剪应力-位移本构关系。Hawkins 等开展了不同含水状态下砂岩单轴试验，结果表明砂岩的软化系数在 $0.22 \sim 0.92$ 之间，孔隙水压力对其强度影响较小。Ojo 等在总结前人经验基础上，分析了湿度对岩石性质的影响规律，表明砂岩湿度越大，抗压强度及抗拉强度越小。Risnes 等分析了水的弱化和活动性对软岩弱胶结微结构变化的影响规律。

Chugh 等通过室内测试手段，对比研究岩石浸水与天然状态的不同特性，发现岩石饱水或 100% 湿度条件下，其单轴抗压强度比自然状态时减少 $50\% \sim 60\%$。Chang 等采用室内岩石力学三轴测试研究得出岩块浸水后极限强度仅为自然条件下岩块极限强度的 $60\% \sim 85\%$。Dunning 等研究得出岩石矿物受水溶液分子的侵蚀、溶解及交换作用，其内部微观结构及矿物颗粒组成发生变异。

Siavash Nadimi 等建立了预测注浆材料蠕变特性的应力-应变关系方程，确定了蠕变速率的直接影响因素。Jahangir Mirza 等研究了不同水灰比、不同温度等条件下粒径分布、蠕变特性以及 5 种力学特性对比试验。Babak Nikbakhtan 等开展了土体注浆前后力学性能测试，结果表明注浆后单轴抗压强度呈对数型上升，黏聚力、内摩擦角增长显著。Bahman Bohloli 等针对北欧国家隧道施工温度影响，制作了不同温度和不同水灰比的水泥试件，并进行了强度测试。Nuno Cristelo 等开展了注浆过程流变特性试验，结果表明加入粉煤灰后延长了浆液在恶劣条件下的使用年限。A. Corradini 等通过拉伸试验研究了注浆材料疲劳性能的影响因素，建立了基于刚度模量的解析方程。Costas A. Anagnostopoulos 等研究了减水剂对不同水灰比的水泥浆液力学特性的影响规律。

国内专家、学者在渗水巷道变形失稳机理研究方面的情况如下：

郑春梅研究了裂隙岩体渗流场与应力场相互作用机理及水岩耦合特性。赵阳升等研究了多孔介质多场耦合作用机理，构建裂隙介质固流耦合数学模型。胡耀青等建立了三维固流耦合数学模型，推导出固流耦合相似模拟准则。

武强等基于固流耦合理论，提出了弹塑性应变-渗流耦合、流变-渗流耦合及变参数流变–渗流耦合评价模型。康红普等研究了不同模拟淋水量下锚杆拉拔力，得出了淋水量与锚杆拉拔力的关系。张农等研究了风化富水顶板裂隙水渗流诱发支护失效、局部失稳冒顶事故机理。

王志清等采用数值模拟方法研究了岩层裂隙水软化岩石和降低锚固力对巷道失稳的影响。薛亚东等通过锚固试验研究得出巷道裂隙水冲溃锚固剂会降低锚固强度，导致局部失稳。张盛等进行了巷道顶板不同淋水量下树脂锚杆锚固力试验。王成等通过典型岩样崩解和风化实验，研究了渗水泥质巷道变形规律及锚固性能。许兴亮等研究了富水巷道变形特征，总结水致巷道失稳垮冒机制，系统研究了煤系地层泥岩遇水后强度弱化规律。勾攀峰等进行了软岩巷道顶板砂岩含水可锚性试验。周翠英、朱凤贤等测定分析了泥岩等软岩的微观结构、矿物成分以及物理化学性质等特性，揭示了弱胶结软岩软化的动态变化规律。

许宏发等建立了破碎岩体强度增长理论，得出单轴抗压强度及抗拉强度增长率、内聚力增长率之间的关系方程，推导出破碎岩体内摩擦因数和内聚力增长率随岩体质量指标增长量（BQ）变化的表达式。

朱合华等修正了弹—黏—塑力学模型，预测出软岩巷道的长期稳定性。王华宁等考虑时间效应得出了软岩巷道黏弹性力学公式，分析了不同因素对软岩巷道连续开挖的影响规律。高延法、王波等结合岩石流变扰动效应试验成果，分析了海域软岩巷道流变机理，基于西原模型，总结了软岩巷道围岩应力场的演变规律。

1.2.3 风氧化程度及围岩变形失稳分级评价的研究现状

风氧化对煤岩体力学性质的影响可以通过煤岩体风氧化程度的评价进行，风氧化程度可以采用室内岩石物理力学性质指标评定的方法，也可以用声波及超声波的方法来评价。

在岩体风氧化程度分级评价研究领域，国内外已有研究成果较少。1964 年，成都勘察设计研究院科研所提出用"岩石风化程度系数"来评定岩石的风化程度，"岩石风化程度系数"仅是表示岩石风化程度深浅的相对指标，而不是绝对值。考虑新鲜岩石及风氧化岩石的孔隙率、抗压强度、吸水率三个指标，划分为新鲜未风化、微风化、弱风化、强风化、剧风化 5 个级别。

在煤岩体分级评价研究领域，国际上最常用的三种分级方法分别是 RMR、Q 和 GSI 分级，我国工程实践中主要遵行 BQ 分级标准。

高谦等提出了采场巷道围岩地质力学分类的概率统计方法，并采用不同的修正比例对围岩的分类指标进行了修正。朱一丁等对平顶山矿区 4 条回采巷道围岩进行了分类预测。蒋金泉等建立了基于模糊 ISODATA 聚类分析的跨采巷道结构稳定性实用分类方法与锚杆支护参数设计实用方法。

庞建勇等采用统计分析、模糊推理等多种手段，提出了煤巷围岩稳定性综合分类法，并开发出一套煤及半煤岩巷锚梁网支护专家系统。

余伟健等通过非线性耦合岩体分类技术对围岩工程稳定性因素进行了研究，发现原岩强度、岩体结构、RQD 值、支护方式对工程的稳定性起到主导作用。

冯增朝等采用数值模拟研究了裂隙尺度对变形与破坏的控制作用，将高层次缺陷作为失稳分级判据。胡滨等得出顶板含水、胶结性差、富含蒙脱石是造成风水沟煤矿顶板水软岩巷道破坏的主因。李英勇等通过现场卸载试验及数值模拟手段将围岩塑性区扩展及锚杆失效数量作为失稳隐患分级的标准。

郑西贵等分析了岩体锚固段黏结应力分布特征，解释了逐层脱黏累次破坏现象，提出了渐次脱锚判据，构建了局部失稳风险分级评价指标体系。

王卫军等指出软弱厚层直接顶板锚索孔施工过程中的变形和安装过程中对锚固剂的破坏是导致巷道局部失稳的主因，并可作为局部失稳分级评价的指标。

贾明魁总结提出了锚杆支护煤巷冒顶成因分类新标准，按冒顶成因分为岩层组合劣化型、岩层结构缺陷型、应力突变型和施工不良型四类。

刘洪涛等采用稳定岩层高度进行了巷道冒顶高风险区域识别。蒋力帅、马念杰等采用 UDEC 数值模拟方法研究了端锚锚杆、普通低延伸率锚索支护组合拱易发生支护失效并存在冒顶隐患，并以锚索变形状态进行了顶板失稳垮冒风险分级，对不同隐患进行了支护安全性评估。

李术才等针对锚杆体的拉断破坏和滑脱失效，采用摩尔-库仑准则对灌浆体强度进行了判断，将支护失效判据及程序计算收敛判据与室内试验对比。

李桂臣等研究了围岩渗流场演化规律和富水巷道变形特征，并利用层次分析法建立了泥化巷道安全性评判方法和判定程序。

1.2.4 风氧化富水等软弱巷道围岩变形失稳特征模拟方法的研究现状

1. 室内物理模拟方面

在室内物理模拟数据获取及量测方法研究领域，物理模拟数据测量方法主要有机械法、电测法和光测法三大类。但针对相似模型内部裂隙发育扩展、表面及内部变形的精准量测等方面，基于有限元插值的数字散斑技术和声发射技术已相当成熟，在弹塑性应力应变分析、宏观与微观测量、新型材料检测等领域显示出其巨大潜力。

在数字散斑相关方法研究领域代表性成果有：

20 世纪 80 年代初期，日本学者 Yamaguchi 和美国南卡罗来纳大学的 W. F. Ranson 等同时独立提出了数字散斑相关方法概念，自此之后，国内外学者对此进行了大量研究并取得了一系列丰硕成果。1983 年，Peters 等运用数字散斑相关方法对刚体位移测量进行了研究。随后，Sutton 等提出了位移测量的粗细搜索法，既解决了定位难题又提高了精度，丰富了数字散斑的搜索方法。1998 年，Vendroux 等分析了相关系数 Hessian 矩阵的不同算法，总结得出相关系数算法对测量精度的影响。2002 年，A. M. Cuitino 等使用数字散斑技术测量不同载荷下聚合泡沫的应变场。

1989 年，高建新等对数字散斑相关方法的理论系统进行了分析研究。1994 年，苗嘉白、金昌观等改进了搜索方法，提出了"十"字搜索法，提高了搜索速度和效率。1998 年，姜锦虎、王海凤等提出了数字散斑相关测量系统抗噪声干扰方法。2007 年，吴加权、马琨等在研究工程材料 PMMA 的力学形变模量参数时，使用了数字散斑技术，得到了材料的载荷—位移关系曲线。2016 年，程志恒等在相似模拟实验中融入了数字散斑技术和电子经纬仪监测技术，记录裂隙发育过程，分析获得了围岩应力−裂隙分布演化特征。

声发射技术在岩石裂隙发育扩展演化特征领域的研究现状：

王嵩等利用岩石单轴压缩试验声发射累计振铃计数换算出岩石受压过程中的损伤变量，并通过 FLAC^{3D} 软件二次开发，拟合得出岩石损伤变量与累积应变的演化方程，结果表明基于岩石力学参数动态损伤修正的数值模拟能更好地反映岩石受压过程。

庞正江等通过声发射监测围岩变形发展过程，并结合三维数值模拟预测成果，对比分析了围岩变形、应变与围岩声波特性。

张茹、谢和平等通过实验研究得出随时间的延长和轴向荷载的增加，声发射事件率增加，试样内裂纹逐渐增多或其内在裂隙逐步贯通，指出岩体破坏发生前多出现声发射的突然下降或相对平静期现象。

周喻等进行了室内花岗岩破裂过程声发射特性实验，并根据矩阵张量理论，建立了细观尺度上岩石声发射模拟方法。

2. 计算机数值建模方面

在风氧化富水等软弱巷道围岩变形失稳垮冒数值模拟研究方面，主要有等效连续介质模型和离散裂隙网络模型两种主流建模方法。前者将裂隙与孔隙介质的参数做等效化处理，网格划分与多孔介质相同；后者将待测体内裂隙离散剥离出来，关注每条裂隙对流场、应力场的影响，相比等效孔隙介质模型模拟效果更加精细，但是计算量与计算时间更加庞大。两种模型方法的选取主要取决于将要分析问题的侧重点。

FLAC^{3D} 软件运用显式拉格朗日算法，基于显式差分法来求解运动方程和动力学方程，且能保证塑性破坏和流变的模拟精度，内置多个力学模型，如摩尔-库仑模型、应变硬化/软化模型等，同时，软件可以模拟包括岩石、土体等多孔介质中的流体与固体之间的耦合作用，即多孔介质应力场的改变直接影响多孔介质体积应变进而影响其渗透系数，从而影响到多孔介质中的渗流场；同样的，渗流场中孔隙水压力通过影响多孔介质有效应力的大小进而影响多孔介质应力场的分布。FLAC³ᴰ软件在模拟岩体流固耦合机理时采用的是等效连续介质模型，将岩体视为多孔介质，即将岩石中的裂隙、孔隙均等效为孔隙，从而可以模拟各种复杂的强度极限或屈服极限时的破坏或塑性流动的渐进破坏失稳以及大变形问题。代表性成果有：

Guibin Zhang、Wenquan Zhang 等通过现场和实验室研究，分析了煤矿上覆地层和冲积层的风化氧化工程地质特征，然后采用数值建模软件构建不同基岩厚度的数值模型，研究模拟采煤过程中风氧化上覆煤岩体变形、破坏和沉降特征，分析得出：当工作面上覆冲积层较厚而基岩较薄时，上覆岩层受风氧化影响显著，风氧化顶板软弱易破坏，导致顶板水和大量泥沙涌入工作面。

Peng Lin 等采用模型试验手段，研究了高应力条件下软岩变形破坏和稳定性规律，为其开挖造成的潜在破坏防治提供了有力指导。

Myung Sagong 等通过模型试验和数值分析，分析了节理倾角对软弱围岩隧道破坏的影响，得出在一定倾角范围内，角度越小，围岩破坏范围越大。

Shu-Cai Li 等通过模型试验对比了不同支护系统下厚顶煤巷道软弱围岩变形破坏规律，提出了应力释放率指标，分析了围岩的控制机制。

Meguid 等总结了软岩地层巷道模型试验的发展过程。Shigekazu 等通过模型试验研究了软弱地层条件下隧道的底鼓变形机制。

Gao FQ 等采用数值模拟软件分别对不同巷道地质条件下巷道裂隙场分布演化规律的影响进行了分析，并提出了相应的支护技术，对于认识风氧化区域巷道围岩的破裂模式及其稳定性支护具有重要意义。

1.2.5　风氧化富水等软弱巷道围岩稳定性控制的研究现状

为了有效控制风氧化区域巷道围岩稳定，国内外专家、学者采用多种研究手段对风氧化区域巷道围岩控制方法进行了研究。

Baotang Shen 等设计了"高预应力锚杆+注浆锚索"的支护形式，解决了软弱煤层回采巷道控制难题。Hernqvist Lisa 等讨论了含裂隙水岩体的注浆方案影响因素，提出了相关设计概念模型。

S. Shreedharan 等对比分析了马蹄形、反底拱马蹄形两种巷道断面在不同支护方案下的稳定性特征，为该类巷道支护构件选择提供了参考。R. K. Goel 等研究了适用于不同巷道断面、不同应力条件下锚杆合理的支护长度，拟合了不同因素下锚杆长度公式。

何满潮等研究了中生代复合型软岩巷道围岩"分子膨胀、岩体结构面错动、开挖扰动"的复合破坏机制，并提出大变形控制关键技术。

康红普等提出了对于软岩难支护巷道，应采用高预应力、强力锚杆支护系统。王连国等提出了以"中空注浆锚索和高强注浆锚杆"为核心的新型深-浅耦合全断面锚注支护技术体系，深浅协调耦合作用形成互为支撑的承载体。

靖洪文等采用围岩松动圈厚度来定量确定软岩工程的围岩特征，研究得出松软巷道围岩变形具有多阶段、不对称非均匀发育特征，并提出破裂围岩施加高预紧力及高阻耦合让压支护措施。

康永水等以顾北矿绞车房为背景，分析了破碎围岩的变形破坏机制与应力分布特征，提出了以注浆锚索为核心的联合支护技术，解决了破碎软岩硐室底鼓支护难题。

王方田等以阳泉煤矿西部大巷为背景，分析了松散破碎岩体变形破坏特征及影响因素，提出了全断面锚注加固技术，控制了该类巷道变形。焦玉勇等改进了壁后充填技术，与U型棚联合支护，解决了极破碎围岩控制难题。

孟庆彬等针对中国神府-东胜煤田榆树井煤矿泥质软岩巷道弱胶结、大变形、强流变等特征，采用围岩松动圈测试、地应力测试、岩石力学性质试验、矿物成分分析及围岩变形与支护结构受力监测等地质力学技术手段，研究了泥质弱胶结软岩巷道变形破坏特征与机理，给出了巷道优化布置与支护对策，给风氧化弱胶结软岩巷道围岩破坏模式研究提供了参考方法。

严红、何富连等针对淋涌水碎裂煤岩顶板煤巷支护过程中出现的围岩剧烈破坏难题，系统研究了其变形破坏机制、顶板钻孔淋水量分区、新型防水锚固剂的锚杆（索）锚固力测试及淋涌水碎裂顶板控制对策等。

1.3　存在的问题

（1）岩体风氧化程度分级评价指标过于单一、评价结果过于依赖主观经验。地质条件劣化区域现有巷道围岩风氧化程度分级评价指标过于单一、评价结果过于依赖主观经验、分级管控针对性不强，风氧化程度等级评定的上述局限性成为制约浅埋风氧化富水区域围岩稳定性控制的主要瓶颈。

（2）传统物理模拟无法表征不同风氧化程度且模拟数据获取相对落后，已有数值模拟针对风氧化岩体强度参数梯度衰减及完整性劣化考虑不足。专家学者大多采用室内物理模拟和数值模拟手段研究风氧化巷道失稳垮冒宏观破坏特征，但传统的物理模拟虽能宏观模拟围岩裂缝扩展、贯通过程，却无法表征不同风氧化程度；在物理模拟监测数据获取方面，传统机械法量测精度差，灵敏度低，数字散斑技术及声发射监测灵敏度和精度均明显改善，但大多应用于单体岩石样品的室内测试，在更大尺度的风氧化巷道物理模拟的精准捕捉表面变形、分析内部裂隙发育扩展演化特征领域应用较少；数值模拟软件虽然在巷道变形与加固方面模拟效果较为满意，但针对风氧化变异岩体强度参数梯度衰减及完整性劣化的考虑不足，难以准确表征和模拟不同风氧化程度围岩变形破坏宏观全过程。

（3）风氧化巷道变形破坏力学机制研究不深，强度参数与岩体承载风氧化能力之间的关联性研究较少。风氧化地质变异区域巷道围岩稳态—亚稳态—失稳垮冒多重差异状态交替呈现，不同风氧化程度岩体本构方程的差异性、强度参数衰减梯度与岩体承载风氧化能力之间的协同耦合关系研究较少。

1.4　技术路线

本书围绕"风氧化区域岩体变异特性、巷道围岩失稳垮冒机理"等科学问题，采用实验室测试、理论分析、物理模拟、数值模拟等综合研究方法，结合典型风氧化矿区地质调研，按照图 1-4 所示的技术路线图，开展以下 5 个方面的研究工作。

1. 典型区域风氧化岩石物理力学属性、矿物组分及微观结构变异特性

在工程地质调研基础上，选择典型风氧化区域巷道钻取不同层位岩芯，研究风氧化岩石物理力学属性，包括物理性质指标（容重、比重、孔隙率等）、力学指标（抗压、抗拉、抗剪强度）、水理性指标（吸水率、渗透系数等）；借助电镜扫描和 X 光衍射，进行泥质岩类、砂岩类等不同类型风氧化岩石矿物组分和微观结构分析。

2. 风氧化程度分级评价

以风氧化强度衰减特性、完整性变异特性、吸水率变异特性、渗透性变异特性以及矿物颗粒含量变异特性为评价指标，定义岩体风氧化程度综合指数。上述评价指标通过随钻探测或室内岩石物理力学测试及电镜扫描与 X 光衍射等方法定量获得，评价指标所对应的权重通过层次分析法（AHP 评价）及辅助分析软件进行一致性检验确定权重取值范围。依据岩体风氧化程度综合指数，划分为原始未风氧化、微风氧化、弱风氧化、中等风氧化、强风氧化 5 个等级。并基于 Java 语言编程开发巷道风氧化程度分级评价系统。

3. 风氧化巷道变形破坏的力学机制

应用弹塑性力学和剪胀扩容理论，建立风氧化巷道开挖卸荷力学模型及剪胀

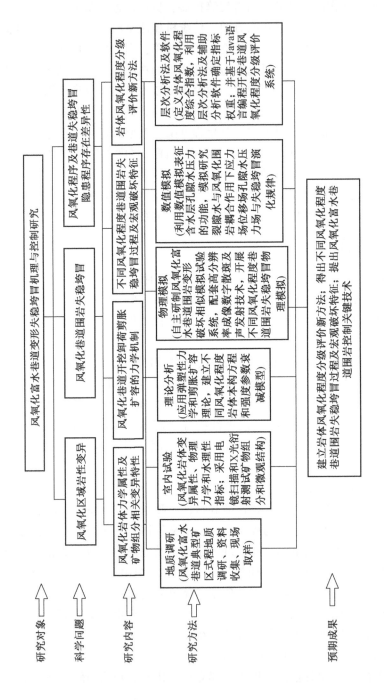

图1-4 研究技术路线图

扩容模型，分析扩容系数与塑性应变增量协同关系，揭示风氧化岩体开挖卸荷剪胀扩容的力学机制；构建不同风氧化岩体本构方程和强度参数衰减模型，研究内聚力及内摩擦角等强度参数与岩体抵御风氧化能力的内在关联性。

4. 不同风氧化程度巷道围岩失稳垮冒过程及宏观破坏特征

研制风氧化富水巷道围岩变形破坏相似模拟试验平台，融合高分辨率成像数字散斑、声发射及气压精准调控水压技术，对比分析不同风氧化程度巷道围岩变形演化过程及宏观破坏特征；采用 FLAC^{3D} 嵌入渗透率与体应变增量耦合动态模型，进行顶板含水层条件下不同风氧化程度巷道围岩变形失稳流固耦合数值模拟，分析风氧化程度巷道围岩位移场、应力场、渗流场特征及渐变破坏演化过程。

5. 风氧化巷道围岩稳定性控制关键技术

结合巷道支护质量现场监控，提出以"间歇式注浆原位改性"为核心的风氧化富水巷道围岩控制关键技术，并进行工业性应用，实现巷道危险区域围岩稳定，为浅埋风氧化特殊水文地质区域巷道围岩稳定提供新的控制技术。

2　风氧化岩体变异属性及风氧化程度分级评价

2.1　风氧化岩体变异属性

由于中煤平朔风氧化影响区域内巷道掘进及回采工程实践中均出现过不同程度的风氧化巷道围岩承载结构失稳垮冒事故，严重威胁矿井安全生产，且与其他矿井存在类似的变形破坏特性，因此选取中煤平朔矿区煤样具有代表性。

在工程地质调研基础上，选择典型风氧化区域——中煤平朔井工三矿39107辅运巷顶底板钻取不同层位岩芯，研究风氧化岩体的物理力学属性，包括物理性质指标（容重、比重、孔隙率等）、力学指标（抗压、抗拉、抗剪强度）、水理性指标（吸水率、渗透系数等）。借助电镜扫描和X光衍射，进行泥质岩类、砂岩类等不同类型风氧化岩体矿物组分和微观结构的分析。

2.1.1　风氧化岩体物理属性

1. 典型矿井风氧化岩石取样

岩样取自中煤平朔井工三矿39107综放工作面辅运巷顶底板风氧化地层。在井工三矿技术人员积极协助下，在39107辅运巷QF_9、QF_{10}点之间（风氧化带地段）顶板打钻钻取岩芯。现场取岩芯过程记录见表2-1，取岩芯示意图如图2-1所示。

表2-1　39107辅运巷风氧化顶板取岩芯过程记录

序号	取岩芯位置	备注
1	倾斜深度3.5~5.5 m	第一管
2	倾斜深度11 m处见风化泥岩，11 m以下都是煤	
3	倾斜深度12~14 m	第二管
4	倾斜深度14~16 m	第三管
5	倾斜深度23 m处穿过风氧化泥岩，进入黄砂岩	
6	倾斜深度24~26 m	第四管
7	倾斜深度26~28 m	第五管

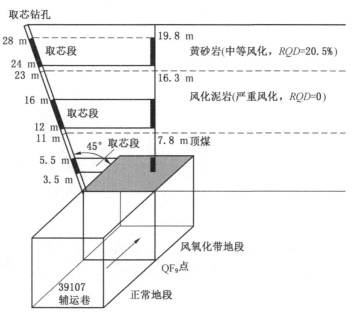

图 2-1 39107 辅运巷风氧化顶板取岩芯示意图

1）取芯地点

39107 辅运巷架棚地段（风氧化地段），从最外一架棚子处，巷道肩窝处，倾斜 45°向顶板取岩芯。开孔点距离巷道底板 3.6 m，距离 F_9 点 13.6 m。

2）钻孔参数

钻孔总进尺为倾斜深度 28 m，沿钻孔倾斜长度取芯（3.5~5.5 m、12~14 m、14~16 m、24~26 m、26~28 m），钻孔与水平面夹角为 45°，与巷道走向夹角 20°穿向实体煤，开孔钻直径为 86 mm，取芯钻头直径为 75 mm，岩芯直径为 73 mm。

3）辅运巷顶板 RQD 实测

0~7.8 m：风氧化顶煤，破碎松散，无法取出完整煤芯，仅得少量煤块，RQD 值为 0。

7.8~16.3 m：风氧化泥岩，部分变异为粉土，风氧化严重，无法获取完整岩芯，RQD 值为 0。

16.3 m~4 号煤底板：风氧化砂岩，粗砂颗粒为主，内部仍保持原生色，但外表颜色变黄，该段能获取较为完整的砂岩岩芯，RQD 值为 20.5%。

由辅运巷顶板 RQD 实测结果可知，39107 辅运巷穿越风氧化区域地段，巷道顶板煤岩体完整性受到破坏，胶结松散，强度衰减劣化。

井工三矿井田范围内各类风氧化岩石变异特征及外观差异性显著：风氧化砂岩，裂隙发育，岩层层面残存有机质氧化后变黄，但岩石内部仍保持原生色，岩石强度衰减劣化；风氧化泥岩或顶煤受风氧化影响严重，无法取出完整岩芯，大多风氧化变异为粉土。39107 辅运巷风氧化顶板岩芯如图 2-2 所示。

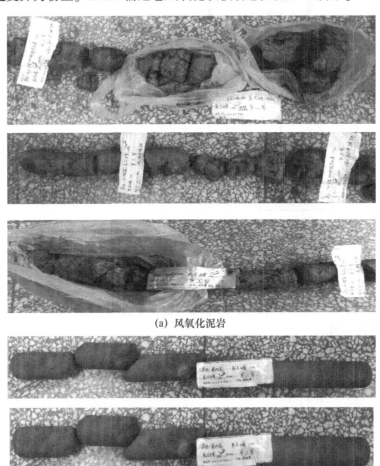

(a) 风氧化泥岩

(b) 风氧化砂岩

图 2-2 39107 辅运巷风氧化顶板岩芯

2. 风氧化岩石物理性质测试

1）含水率

选取 39107 辅运巷顶板不同层位的风氧化砂岩和泥岩岩样,测定其含水率(图 2-3),测定结果见表 2-2。

图 2-3 风氧化岩样含水率测定

表 2-2 风氧化岩样含水率测定结果

岩性	试件编号	初始重量/g	烘干重量/g	含水率/%
顶板砂岩岩样	1	67.3	49.7	26.2
	2	82.3	64.2	21.9
	3	71.4	57.8	19.1
	4	88.4	65.7	25.7
	5	84.3	67.4	20.1
	6	76.2	53.8	29.4
	7	64.5	49.6	23.1
顶板泥岩岩样	1	81.9	77.3	5.6
	2	103.7	100.5	3.1
	3	38.3	37.2	2.9
	4	85.1	82.5	3.1
	5	42.7	41.1	3.8

由表 2-2 可知,风氧化砂岩含水率为 19.1% ~ 29.4%,风氧化泥岩含水率为 2.9% ~ 5.6%。表明巷道顶板砂岩层经风氧化作用后,岩体孔隙率增大,含水率升高;泥岩在风氧化和水耦合作用下更易软化劣变,变异为粉土,含水率降低,渗透性减弱,将影响巷道围岩注浆加固效果。

2) 渗透系数

根据岩体渗透性试验测定,风氧化砂岩的渗透系数平均为 2.08×10^{-5} cm/s,属弱透水岩体,风氧化泥岩的渗透系数平均为 0.173×10^{-5} cm/s,属微透水岩体,见表 2-3。

表2-3　风氧化岩样渗透系数测试结果　　　　　　　10^{-5} cm/s

岩性	试件编号	渗透系数	平均渗透系数
顶板砂岩岩样	1	1.94	2.08
	2	2.27	
	3	2.35	
	4	2.02	
	5	2.14	
	6	1.95	
	7	1.91	
顶板泥岩岩样	1	0.169	0.173
	2	0.179	
	3	0.181	
	4	0.165	
	5	0.171	

3）颗粒组成

39107辅运巷顶煤及顶板原泥岩风氧化严重，变异为可塑性粉质黏土或可塑性粉土，介质粉粒、黏粒为主，粒径小于0.075mm的粉粒、黏粒占总质量的84.9%；顶板砂岩岩体粉粒、粗砂颗粒为主，粉粒、粗砂占总质量的94.6%，表明砂岩虽经风氧化，但内部粗砂颗粒占比依然较大。

2.1.2　风氧化岩石力学属性

39107辅运巷顶板原砂岩虽然经历风氧化，但其岩石内部仍保持原生色，仍然具有一定的强度，能够取出较为完整的岩芯，实验室制作成标准试件，采用电液伺服岩石力学试验机测试获得其基本力学参数；但风氧化顶煤及泥岩比较破碎，现场取得完整的岩样比较困难，采用点荷载试验方法，获得风氧化顶煤及泥岩不规则岩块的力学参数值。

1. 风氧化砂岩力学测试

试件加工与测定遵照《煤和岩石物理力学性质测定方法》（GB/T 23561. 10—2010）的规定执行。

1）单轴抗压强度测试结果

现场钻取的风氧化砂岩岩芯加工成直径50 mm、高度100 mm的标准试件，使用RMT-301型微机控制电液伺服岩石压力试验机进行单轴抗压强度测试。风氧化岩样单轴抗压强度测试前后对比如图2-4所示，风氧化岩石试件应力-应变曲线如图2-5、图2-6所示。

(a) 测试前   (b) 测试后

图 2-4　风氧化岩样单轴抗压强度测试前后对比

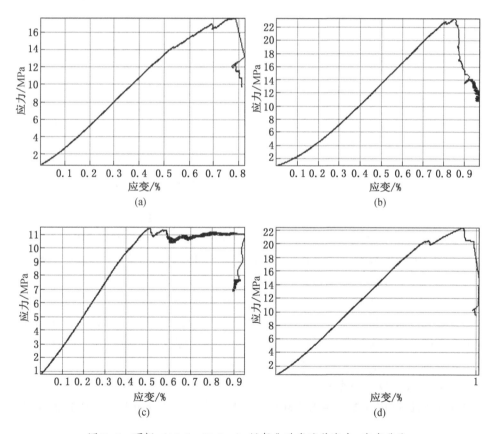

图 2-5　顶板（16.3~17.8 m）风氧化砂岩试件应力-应变曲线

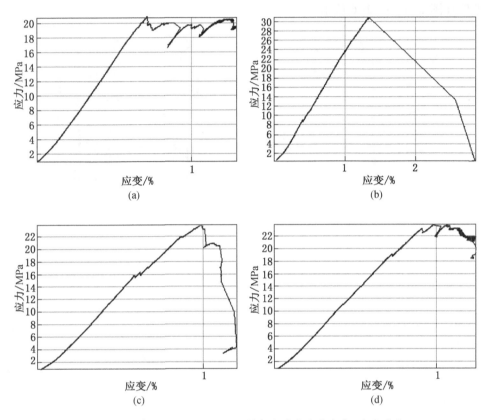

图 2-6 顶板（17.8~19.8 m）风氧化砂岩试件应力-应变曲线

剔除离散性较大的数据，测得顶板风氧化砂岩的强度参数值如下：

顶板（16.3~17.8 m）风氧化砂岩：单轴抗压强度 $\sigma_c = 22.4$ MPa，泊松比 $\mu = 0.37$，弹性模量 $E = 2.7$ GPa；顶板（17.8~19.8 m）风氧化砂岩：单轴抗压强度 $\sigma_c = 28.2$ MPa，泊松比 $\mu = 0.40$，弹性模量 $E = 2.8$ GPa。

2）抗拉强度测试结果

利用 DQ 自动岩石锯石机将岩样切割成间接拉伸试验标准试件，使用 RMT-301 型微机控制电液伺服岩石压力试验机及间接拉伸仪进行抗拉强度测试。风氧化岩样抗拉强度测试前后照片如图 2-7 所示。

剔除离散性较大的数据，求得风氧化砂岩抗拉强度平均值：顶板（16.3~17.8 m）层位抗拉强度 $\sigma_t = 1.3$ MPa，顶板（17.8~19.8 m）层位抗拉强度 $\sigma_t = 2.7$ MPa。

 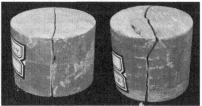

(a) 测试前　　　　　　　　　　　　　(b) 测试后

图2-7　风氧化岩样抗拉强度测试前后对比

3）抗剪强度测试结果

使用 RMT-301 型微机控制电液伺服岩石压力试验机及可变角剪切仪进行抗剪强度测试（图2-8）。风氧化砂岩试件抗剪强度测试结果见表2-4、表2-5，风氧化砂岩试件剪应力-正应力关系曲线如图2-9、图2-10所示。

图2-8　可变角剪切仪及试验岩样

表2-4　顶板（16.3～17.8 m）风氧化砂岩试件抗剪强度测试结果

岩性	编号	角度/(°)	平均宽度/mm	平均长度/mm	最大载荷/N	正应力/MPa	剪应力/MPa
顶板砂岩	D2-1	40	49.6	50.1	112420	34.6	29.1
	D2-2	50	50.4	50.3	60150	15.3	18.2
	D2-3	60	49.6	50.1	34080	6.9	11.9

表2-5 顶板（17.8~19.8 m）风氧化砂岩试件抗剪强度测试结果

岩性	编号	角度/(°)	平均宽度/mm	平均长度/mm	最大载荷/N	正应力/MPa	剪应力/MPa
顶板砂岩	D1-1	40	49.6	50.2	126640	33.9	39.7
	D1-2	50	50.6	50.2	92980	18.6	33.1
	D1-3	60	50.0	50.1	58100	5.6	15.1

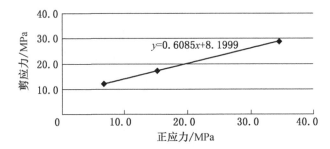

图2-9 顶板（16.3~17.8 m）风氧化砂岩试件剪应力-正应力曲线

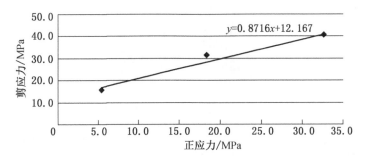

图2-10 顶板（17.8~19.8 m）风氧化砂岩试件剪应力-正应力曲线

根据不同剪切角测试值，计算 C、φ 值：顶板（16.3~17.8 m）风氧化砂岩内聚力 $C=8.2$ MPa，内摩擦角 $\varphi=31.3°$；顶板（17.8~19.8 m）风氧化砂岩内聚力 $C=12.2$ MPa，内摩擦角 $\varphi=41.1°$。

4）测试结果汇总

39107 辅运巷顶板风氧化砂岩力学性质参数测试结果汇总见表2-6。

表 2-6　风氧化砂岩力学性质参数测试结果汇总

岩性	劈裂试验 抗拉强度 σ_t/MPa	单轴压缩试验			变角剪切试验	
		抗压强度 σ_c/MPa	弹性模量 E/GPa	泊松比 μ	黏聚力 C/MPa	内摩擦角 φ/(°)
风氧化砂岩	1.3	22.4	2.7	0.37	8.2	31.3
风氧化砂岩	2.7	28.2	2.8	0.40	12.2	41.1

风氧化顶板砂岩：抗压强度为 22.4~28.2 MPa，抗拉强度为 1.3~2.7 MPa，表明风氧化砂岩强度虽显著降低，但其岩石内部仍保持原生色，仍然具有一定的强度。

2. 风氧化顶煤及泥岩力学测试

由于煤矿井下风氧化顶煤及泥岩松散破碎，钻取完整岩样比较困难，合适的测试方法是点荷载试验（图 2-11）。

图 2-11　风氧化不规则岩块及数字式点荷载仪

国际岩石力学学会将直径 50 mm 的圆柱体试件径向加载点荷载试验的强度指标值确定为标准试验值，其他尺寸试件的试验结果根据直径修正系数进行修正。风氧化泥岩点载荷测试结果见表 2-7。

表 2-7　风氧化泥岩点载荷测试结果

试件编号	长度 L/mm	高度 D/mm	宽度 W/mm	极限距离 D/mm	极限点载荷/kN	R_c/MPa	R_t/MPa
1	120.0	52.0	52.0	49.0	0.136	5.836	0.347
2	70.0	52.0	52.0	45.0	0.124	5.593	0.328
3	91.0	52.0	52.0	45.0	0.094	4.544	0.249

表2-7(续)

试件编号	长度 L/mm	高度 D/mm	宽度 W/mm	极限距离 D/mm	极限点载荷/kN	R_c/MPa	R_t/MPa
4	90.0	52.0	52.0	46.0	0.104	4.857	0.272
5	120.0	52.0	52.0	47.0	0.084	4.102	0.217
6	72.0	48.0	48.0	42.0	0.120	8.677	0.344
7	90.0	48.0	48.0	42.0	0.030	2.052	0.086

风氧化顶板泥岩：抗压强度为 2.052~8.677 MPa，抗拉强度为 0.086~0.347 MPa，表明风氧化泥岩强度显著降低。

2.1.3 风氧化岩石结构类型与微观组分测试

1. 风氧化岩石矿物颗粒及填隙物微观结构

为探测风氧化岩样的矿物含量及成分、粒径、颗粒间胶结填隙物等风氧化程度的表征特性，采用荷兰进口的飞纳台式扫描电镜 Phenom Pure+，该类型扫描电镜具有电子光学图像检测、高灵敏度四分割背散射电子探测等优点，而且电脑控制的全自动马达样品台以及多规格的样品杯适用于不同尺寸类型的岩石样品。

探测样品取自中煤平朔井工三矿 39107 辅运巷风氧化顶板，1 号风氧化砂岩样品取自 39107 辅运巷顶板（16.3~17.8 m）层位，2 号和 3 号风氧化砂岩样品取自 39107 辅运巷顶板（17.8~19.8 m）层位，岩样直径 25 mm，高度 30 mm。飞纳台式扫描电镜岩石样品加工及制备过程如图 2-12 所示。

图 2-12 飞纳台式扫描电镜岩石样品加工及制备过程

电镜扫描结果如图 2-13~图 2-15 所示。由图 2-13~图 2-15 可知：

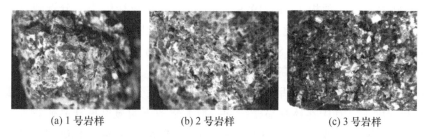

(a) 1 号岩样　　　　　(b) 2 号岩样　　　　　(c) 3 号岩样

图 2-13　顶板风氧化砂岩样品矿物粒径（相同放大倍数）

(a) 1 号岩样　　　　　(b) 2 号岩样　　　　　(c) 3 号岩样

图 2-14　顶板风氧化砂岩样品矿物粒径及其边缘风氧化破碎程度

(a) 1 号岩样　　　　　(b) 2 号岩样　　　　　(c) 3 号岩样

图 2-15　顶板风氧化砂岩样品填隙物微观结构（黏土质胶结）

三份样品均以石英颗粒为主要构成，含少量暗色矿物，暗色矿物主要为角闪石和黑云母。

1 号砂岩样品（顶板 16.3~17.8 m）：暗色矿物含量小于 5%，分选差，扫描电镜下可见石英颗粒磨圆较差,整体风化程度较弱。

2号砂岩样品(顶板17.8~19.8 m):石英颗粒粒径较小,分选较好,暗色矿物含量小于5%,扫描电镜下可见石英颗粒破碎程度较高,整体风化程度较高。

3号砂岩样品(顶板17.8~19.8 m):暗色矿物含量大于10%,分选差,可见石英颗粒边缘破碎程度较高,整体风化程度较高。

扫描电镜下可见颗粒间呈黏土质胶结,主要区分在于粒径、矿物含量及成分、风化程度上。其中在体视显微镜同一放大倍数下明显可见样品矿物粒径大小排序为:1号风氧化砂岩样品>3号风氧化砂岩样品>2号风氧化砂岩样品。

2. 风氧化岩体结构类型

采用高倍扫描电镜及图形采集处理系统观测风氧化岩石内部微观结构面、连接类型及颗粒大小与排列,如图2-16所示。样品取自中煤平朔井工三矿风氧化巷道7.8~16.3 m和16.3~19.8 m层位小块岩石,实验结果如图2-17、图2-18所示。

图2-16 扫描电镜及图像处理系统

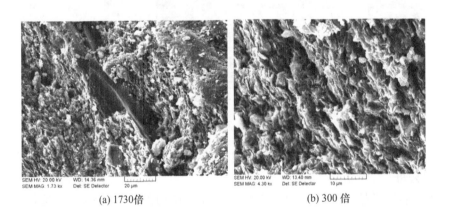

(a) 1730倍　　　　　　　　　(b) 300倍

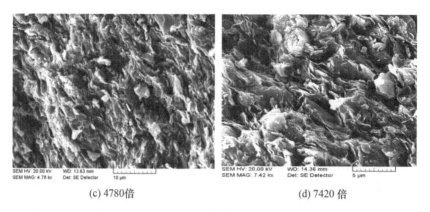

(c) 4780倍   (d) 7420倍

图 2-17 顶板（7.8~16.3m）风氧化岩石试样扫描电镜微观结构

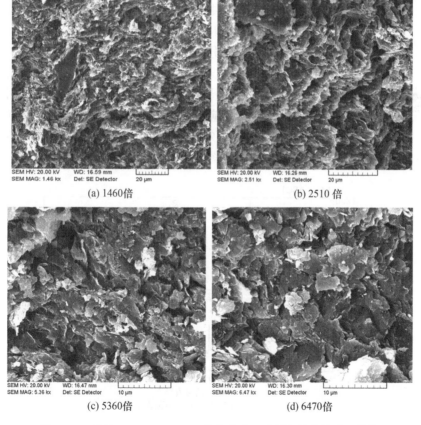

(a) 1460倍   (b) 2510倍

(c) 5360倍   (d) 6470倍

图 2-18 顶板（16.3~19.8m）风氧化岩石试样扫描电镜微观结构

1）井工三矿风氧化巷道顶板 7.8~16.3 m 层位岩样分析

由图 2-17 可以看出：风氧化泥岩粒间结构属弱胶结联结，结构完整性较差，由黏土矿物及部分黑色有机质充填粒间及层间空隙。

2）井工三矿风氧化巷道 16.3~19.8 m 层位岩样分析

由图 2-18 可以看出：原顶板砂岩风氧化变异，矿物颗粒之间为胶结联结，粒间空隙发育，填隙物为伊利石、蒙皂石等黏土矿物，容易产生局部层间错动或碎粒状破坏。

井工三矿 39107 辅运巷顶板各岩层受风氧化侵蚀明显，风氧化泥岩和风氧化砂岩强度衰减劣化，局部有软质风氧化残存变异土，黏土矿物在矿物颗粒及粒间充填较多，填隙物主要为蒙皂石、伊利石及高岭土，层间弱胶结联结。

3. 微观组分测试

使用 X 射线衍射仪观察主要黏土矿物粉末的反射波结果，实现风氧化岩石微观组分的定量化分析。试验设备采用 ARLADVANT/XP 型 X 射线荧光光谱仪（图 2-19）。试验对岩石试件无特殊要求，取其他试验完成后的小块即可。应用 X 射线衍射方法分析 39107 辅运巷风氧化顶板岩石矿物种类及含量振幅，如图 2-20、图 2-21 所示。

图 2-19　X 射线荧光光谱仪

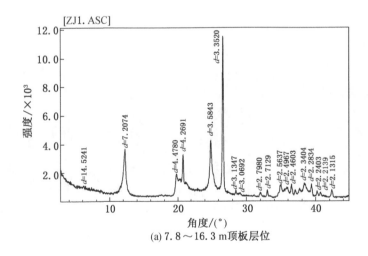

(a) 7.8～16.3 m 顶板层位

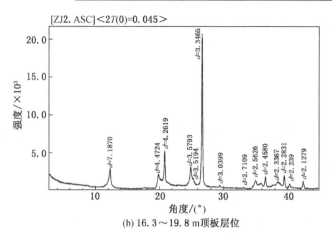

(b) 16.3～19.8 m顶板层位

图 2-20　顶板风氧化岩石矿物种类和含量 X 衍射图谱

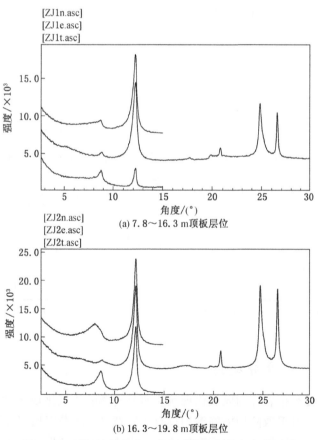

(a) 7.8～16.3 m顶板层位

(b) 16.3～19.8 m顶板层位

图 2-21　顶板风氧化岩石黏土矿物总含量 X 衍射图谱

由图 2-20、图 2-21 可知：波峰标准矿物参照结果显示，井工三矿风氧化巷道顶板岩石所含矿物主要是黏土类矿物（高岭石、伊蒙混层等），黏土矿物含量占矿物总含量的 55% 以上。

风氧化岩石矿物种类及黏土矿物含量 X 射线衍射分析结果见表 2-8、表 2-9。由表 2-8、表 2-9 知：与上部砂岩层相比，泥岩层的黏土矿物含量显著提高，泥岩受风氧化影响更加显著，抵抗风化水蚀的能力弱，具有遇水膨胀的层间断裂破坏特性，对巷道围岩长期稳定不利；泥岩层黏土矿物中伊蒙混层明显高于顶板砂岩层，表明井工三矿风氧化区域巷道泥岩岩层及顶煤遭受风氧化作用显著，恰处于巷道开掘影响圈层以内，对巷道围岩稳定性不利。

表 2-8　巷道顶板风氧化岩石矿物种类及黏土矿物含量 X 射线衍射分析结果

编号	巷道名称	层位/m	岩性	矿物种类和含量/%							黏土矿物总量/%
				石英	长石	斜长石	方解石	黄铁矿	菱铁矿	角闪石	
J₁	井工三矿 39107 风氧化巷道	7.8~16.3	—	25.5	—	—	—	3.8	2.1	—	68.6
J₂	井工三矿 39107 风氧化巷道	16.3~19.8	—	34.0	—	—	0.8	1.0	0.8	—	63.4

表 2-9　巷道顶板风氧化岩石黏土矿物相对含量 X 射线衍射分析结果

编号	巷道名称	层位/m	岩性	矿物种类和含量/%						混层比（%S）		黏土矿物总量/%
				S	I/S	I	K	C	C/S	菱铁矿	角闪石	
ZJ₁	井工三矿 39107 风氧化巷道	7.8~16.3	泥岩	—	21	4	5	—		—	40	—
ZJ₂	井工三矿 39107 风氧化巷道	16.3~19.8	砂岩	—	28	3	9	—		—	35	—

注：S—蒙皂石，I—伊利石，K—高岭石，C—绿泥石，I/S—伊利石与蒙皂石混层，C/S—绿泥石与蒙皂石混层。

2.2　风氧化程度分级评价

风氧化程度是指岩体的风氧化现状。研究岩体的风氧化现状对确定巷道围岩的施工开挖深度及采取防护措施等均具有重要意义。本节以风氧化围岩强度衰减特性、完整性变异特性、吸水率变异特性、渗透性变异特性和黏土类易膨胀矿物颗粒含量变异特性为评价指标,并确定每个指标的权重值,定义"岩体风氧化程度综合指数",为煤矿特殊变异地质构造体围岩控制尤其是风氧化富水区域巷道掘进施工安全及风险等级评估提供科学依据。本部分研究内容不讨论风氧化作用的化学机理,只阐明风氧化程度的评价方法。

2.2.1 风氧化程度分级评价方法

风氧化作用涉及气温、大气、水分、生物、原岩的成因、原岩的矿物成分、原岩的结构和构造等诸因素的综合作用。风氧化程度的不同对岩石强度的影响程度是不同的,事实上并不是所有的风氧化岩石都不能满足巷道开挖及支护设计的要求,而只是那些风氧化比较强烈、物理力学性质较差的部分,在不能满足设计要求的情况下需要注浆原位改性,而那些风氧化比较轻微、物理力学性质还不太差且能够保证巷道围岩稳定的就可以充分利用。基于此,应充分研究岩石风氧化程度的评价方法。风氧化作用与岩石强度衰减之间的内在关联性主要表现在以下几方面:

(1) 风氧化作用使岩体被再次分裂成更小碎块,岩体完整性进一步劣化,随着岩石原有结构连接被削弱,坚硬岩石可转变为半坚硬岩石,甚至成为疏松土。

(2) 风氧化作用使岩石矿物成分发生变异,原生矿物经受水解、水化、氧化等作用后,逐渐被黏土类矿物(如蒙脱石、高岭石等)所代替,风氧化程度越高,黏土类矿物含量越高。

(3) 风氧化作用使岩石的物理力学性质发生变异。岩石压缩性加大,亲水性增高(如膨胀性、崩解性、软化性),透水性增强(但当风氧化剧烈、黏土矿物较多时,渗透性又趋于降低)。岩石强度衰减,力学性质恶化。

风氧化对岩石力学性质的影响可以通过岩石风化程度的评价来进行,岩石的风氧化程度可以通过室内岩石物理力学性质指标评定的方法,也可以用声波及超声波的方法。室内岩石物理力学性质指标评定岩石风化程度研究领域,代表性的成果是1964年,成都勘察设计研究院科研所提出的用岩石风化程度系数来评定岩石的风化程度,具体公式如下:

$$K_y = \frac{1}{3}(K_n + K_r + K_\omega) \tag{2-1}$$

式中,$K_n = \dfrac{n_1}{n_2}$(孔隙率系数);$K_r = \dfrac{R_2}{R_1}$(强度系数);$K_\omega = \dfrac{\omega_1}{\omega_2}$(吸水率系数);$n_1$、$R_1$、$\omega_1$ 为新鲜岩石的孔隙率、抗压强度、吸水率;n_2、R_2、ω_2 为风化岩石的孔隙率、抗压强度、吸水率。

利用 K_y 分级如下：$K_y \leqslant 0.1$，剧风化；$K_y = 0.1 \sim 0.35$，强风化；$K_y = 0.35 \sim 0.65$，弱风化；$K_y = 0.65 \sim 0.90$，微风化；$K_y = 0.90 \sim 1.00$，新鲜未风化。

应当说明的是，上述岩石风化程度的概念仅仅是将岩石物理力学性质指标（孔隙率、抗压强度、吸水率）做了均一化处理，并未考虑各种指标的权重，无法表征不同矿区煤岩层赋存条件的差异。

基于上述分析，提出 5 个评价指标，即风氧化围岩强度衰减率、完整性变异系数、吸水率变异系数、渗透性变异系数以及黏土类易膨胀矿物颗粒含量变异系数，并确定每个指标的权重值，定义"岩体风氧化程度综合指数"，即

$$Q_y = K_p p' + K_{RQD} RQD' + K_\lambda \lambda' + K_\eta \eta' + K_\omega \omega' \qquad (2-2)$$

式中，p' 为风氧化岩石强度衰减率；RQD' 为风氧化岩体完整性变异系数；λ' 为风氧化岩石吸水率变异系数；η' 为风氧化岩石渗透性变异系数；ω' 为风氧化岩石黏土类矿物颗粒含量变异系数；K_p、K_{RQD}、K_λ、K_η、K_ω 分别为所对应系数的权重。

式（2-2）中各参数获取方法：

（1）5 个评价指标（p'、RQD'、λ'、η'、ω'）通过随钻探测或室内岩石物理力学测试及电镜扫描与 X 光衍射等方法定量获得。

（2）5 个评价指标所对应系数的权重（K_p、K_{RQD}、K_λ、K_η、K_ω）通过层次分析法（AHP 评价）及危险程度评价的权重排序综合指数法确定取值范围。

2.2.2 风氧化程度评价指标值的定量确定

确定煤矿原始未风氧化岩石单轴抗压强度值 $P_{原}$、原始未风氧化岩体完整性指标值 $RQD_{原}$、原始未风氧化岩石水理性指标值（吸水率 $\lambda_{原}$、渗透系数 $\eta_{原}$）、原始未风氧化岩石黏土类易膨胀矿物颗粒含量 $\omega_{原}$。

采用室内测试岩石强度方法，获取风氧化岩石单轴抗压强度值 $P_{风氧化}$；计算风氧化岩石强度衰减率 P'，即风氧化岩石单轴抗压强度的衰减值与原始未风氧化该类岩石的单轴抗压强度的比值。计算公式为

$$P' = \frac{|P_{风氧化} - P_{原}|}{P_{原}} \times 100\% \qquad (2-3)$$

采用现场打钻取岩芯方法，获取风氧化岩体完整性指标 $RQD_{风氧化}$；计算风氧化岩体完整性变异系数 RQD'，即风氧化岩体完整性指标降低值与原始未风氧化该类岩体的完整性指标的比值。计算公式为

$$RQD' = \frac{|RQD_{风氧化} - RQD_{原}|}{RQD_{原}} \times 100\% \qquad (2-4)$$

采用岩石水理性指标实验室测试方法，获取风氧化岩石吸水率 $\lambda_{风氧化}$、渗透

系数 $\eta_{风氧化}$；计算风氧化岩石吸水率变异系数 λ、渗透系数变异系数 η，即风氧化岩石吸水率变化值与原始未风氧化该类岩石的吸水率的比值。计算公式为

$$\lambda' = \frac{|\lambda_{风氧化} - \lambda_{原}|}{\lambda_{原}} \times 100\% \qquad (2-5)$$

风氧化岩石渗透系数变化值与原始未风氧化该类岩石的渗透系数的比值。计算公式为

$$\eta' = \frac{|\eta_{风氧化} - \eta_{原}|}{\eta_{原}} \times 100\% \qquad (2-6)$$

采用电镜扫描方法，获取风氧化岩石黏土类矿物颗粒含量指标 $\omega_{风氧化}$；计算风氧化岩石黏土类矿物颗粒含量变异系数 ω'，即风氧化岩石黏土类矿物颗粒含量变化值与原始未风氧化该类岩石黏土类矿物颗粒含量的比值。计算公式为

$$\omega' = \frac{|\omega_{风氧化} - \omega_{原}|}{\omega_{原}} \times 100\% \qquad (2-7)$$

2.2.3 风氧化程度的 AHP 分级评价

采用层次分析法（AHP 评价），对风氧化程度的 5 个主控因素（风氧化岩体强度特征、变形特征、完整性特征、水理特征、微观结构特征）、7 个指标值进行权重分析并排序，即强度特征指标（强度衰减率）、变形特征指标（收敛率、离层值）、完整性特征指标（完整性变异系数）、水理特征指标（吸水率变异系数、渗透系数变异程度）、微观结构特征指标（黏土类矿物颗粒含量变异系数）。继而通过危险程度评价的权重排序综合指数法构建不同风氧化程度分级评价指标，将风氧化岩体划分为原始未风氧化、微风氧化、弱风氧化、中等风氧化、强风氧化 5 个等级，实现风氧化程度定性与定量相结合的分级评价。通过随钻探测岩体强度指标、岩芯完整性指数 RQD、水理性指标、电镜扫描与 X 光衍射等，定量获得风氧化岩石强度衰减程度、完整性破坏程度、吸水渗透变异程度以及黏土类易膨胀矿物颗粒含量比率，获得风氧化变异程度评价指标值。

1. 层次分析法

层次分析法（Analytic Hierarchy Process，AHP）为分析多因素互联制约的复杂问题提供了简洁实用、层次清晰的决策方法。

层次分析法首先要把问题层次化，将互联制约的多因素按照不同层次聚集组合，最终把系统分析归结为最低层（供决策的方案、措施等），相对于最高层（总目标）的相对重要性权值的确定或排序。为了将比较判断定量化，层次分析法引入 1~9 比例标度方法，并写成矩阵形式即构成判断矩阵，形成判断矩阵后，即可通过计算判断矩阵的最大特征根及其对应的特征向量，计算出某一层元素相

对于上一层次某一个元素的相对重要性权值。在计算出某一层次相对于上一层次各个因素的单排序权值后，用上一层次因素本身的权值加权综合，即可计算出某层因素相对于上一层整个层次的相对重要性权值，即层次总排序权值。

2. 递阶层次结构的建立

同一层次的元素作为准则对下一层次的某些元素起支配作用，同时它又受上一层次元素的支配。这些层次大体上可以分为三类：最高层（目标层）、中间层（准则层）、最低层（措施层）。层次间支配关系并不能支配下一层次的所有元素，这种自上而下的支配关系所形成的层次结构称为递阶层次结构。递阶层次结构是 AHP 中一种最简单的层次结构形式。有时一个复杂的问题仅仅用递阶层次结构难以表示，此时需采用更复杂的形式，如循环层次结构、反馈层次结构等。

3. 构造判断矩阵

AHP 的信息基础主要是人们对每一层次各个因素的相对重要性给出的主观判断，这些判断用数值表示，写成矩阵形式即判断矩阵。因此构造判断矩阵是运用 AHP 法的关键一步。

判断矩阵表示针对上一层次某因素对本层次有关因素之间相对重要性的状况。假定 A 层次中因素 a_K 与下一层次 B_1，B_2，…，B_n 有联系，则判断矩阵形式如图 2-22 所示。

$$
\begin{vmatrix}
a_K & B_1 & B_2 & \cdots & B_n \\
B_1 & b_{11} & b_{12} & \cdots & b_{1n} \\
B_2 & b_{21} & b_{22} & \cdots & b_{2n} \\
\vdots & \vdots & \vdots & & \vdots \\
B_n & b_{n1} & b_{n2} & \cdots & b_{nm}
\end{vmatrix}
$$

图 2-22 判断矩阵形式

其中 b_{ij} 表示对于 a_K 而言，B_i 对 B_j 相对重要性的数值表示形式。通常可取 1、3、5、7、9 及他们的倒数。

4. 层次单排序

计算特征值的方法有方根法、和积法、幂法。本节采用方根法，即计算判断矩阵每一行元素的乘积（$i = 1$，2，…，n）；计算 M_i 的 n 次方根 $\overline{W}_i = \sqrt[n]{M_i}$；对向量正规化，则 $W = (W_1，W_2，…，W_n)^T$ 即为所求的特征向量；计算判断矩阵的最大特征根 $\lambda = \sum \dfrac{(BW)_i}{nW_{imax}}$，式中 $(BW)_i$ 表示向量 BW 的第 i 个元素。

5. 层次总排序

层次总排序需要从上到下逐层顺序进行，计算针对上一层次而言本层次所有元素重要性的权值。假定上一层次所有元素 A_1，A_2，$\cdots$，A_m 的层次总排序已完成，得到的权值分别为 a_1，a_2，$\cdots$，a_m，与 a_i 对应的本层次元素 B_1，B_2，$\cdots$，B_n 单排序的结果为 $(b_1^i, b_2^i, \cdots, b_n^i)^T$。层次总排序见表 2-10。

表 2-10　层次总排序

层次 A	A_1	A_2	$\cdots$	A_m	B 层的层次总排序
层次 B	a_1	a_2	$\cdots$	a_m	
B_1	b_1^1	b_1^2	$\cdots$	b_1^m	$\sum_{i=1}^{m} a_i b_1^i$
B_2	b_2^1	b_2^2	$\cdots$	b_2^m	$\sum_{i=1}^{m} a_i b_2^i$
$\vdots$	$\vdots$	$\vdots$	$\cdots$	$\vdots$	$\vdots$
B_n	b_n^1	b_n^2	$\cdots$	b_n^m	$\sum_{i=1}^{m} a_i b_n^i$

6. 一致性检验

为评价判断矩阵的一致性，需按前面讲述的方法计算判断矩阵的一致性指标和随机一致性比例。同样，为评价层次总排序计算结果的一致性，需要计算与层次单排序类似的检验量，见表 2-11。

表 2-11　判断矩阵的随机一致性指标

阶数 n	1	2	3	4	5	6	7	8	9
I^R	0	0	0.58	0.90	1.12	1.24	1.32	1.41	1.45

$$R^c = \frac{I^c}{I^R} \qquad (2-8)$$

式中，I^c 为层次总排序一致性指标；I^R 为层次总排序随机一致性指标；R^c 为层次总排序随机一致性比例。

同样，当 $R^c < 0.1$ 时，视为层次总排序的计算结果有满意的一致性。

7. 风氧化程度影响因素指标确定

确定风氧化煤岩体的程度等级是极其复杂的系统工程，受到诸多因素的制约。因此，对风氧化程度等级的影响因素研究应从强度、变形以及微观结构特征等主因出发，并遵循重要性原则、独立性原则、定量性原则、简单易获取原则及通用性原则。风氧化程度围岩条件影响因素见表 2-12，影响岩体完整性及微观结构特征影响因素见表2-13，水理特征影响因素见表2-14。

表2-12 风氧化程度的围岩条件影响因素

巷道围岩条件					
强度条件		变形条件			
初始强度	强度衰减率	离层值	深部位移	收敛率	顶板下沉

表2-13 岩体完整性及微观结构特征影响因素

岩体完整性及微观结构特征			
胶结程度	充填物	黏土类矿物颗粒含量变异系数	完整性变异系数

表2-14 水理特性影响因素

水理特性		
水力通道发育程度	渗透系数变异程度	吸水率变异系数

根据上述基本原则，采用层次分析法研究风氧化程度等级的影响因素权重。

8. 风氧化程度影响因素的显著性排序

1) 建立问题的递阶层次结构

按照风氧化程度影响因素之间的关系，构成表2-15所示的递阶层次结构。目标层A为风氧化程度等级，中间层C为强度及变形特征影响因素、岩体完整性及微观结构特征影响因素以及水理特征影响因素，最底层P为中间层中每个因素不同的分支层。

表2-15 风氧化程度影响因素的递阶层次结构

风氧化富水巷道失稳垮冒隐患 A														
强度及变形特征影响因素 C_1							岩体完整性及微观结构特征影响因素 C_2				水理特征影响因素 C_3		
强度衰减率 P_1	初始强度 P_2	离层值 P_3	深部位移 P_4	收敛率 P_5	顶板下沉 P_6	底鼓 P_7	胶结程度 P_8	充填物 P_9	黏土类矿物颗粒含量变异系数 P_{10}	完整性变异系数 P_{11}	水力通道发育程度 P_{12}	渗透系数变异程度 P_{13}	吸水率变异系数 P_{14}

2) 构造比较矩阵

各因素根据专家判定重要程度得到判断矩阵，见表2-16。

表2-16 判断矩阵赋值

A-C			
A	C_1	C_2	C_3
C_1	1	3	5
C_2	1/3	1	3
C_3	1/5	1/3	1

C_1-P							
C_1	P_1	P_2	P_3	P_4	P_5	P_6	P_7
P_1	1	3	5	3	5	4	4
P_2	1/3	1	3	1	1/3	1	1
P_3	1/5	1/3	1	2	1/2	1	1/2
P_4	1/3	1	1/2	1	1	3	1/2
P_5	1/5	3	2	1	1	1/2	1
P_6	1/4	1	1	1/3	2	1	1
P_7	1/4	1	2	2	1	1	1

C_2-P				
C_2	P_8	P_9	P_{10}	P_{11}
P_8	1	1/3	1/4	1/5
P_9	3	1	1/4	1/6
P_{10}	4	4	1	1/2
P_{11}	5	6	2	1

C_3-P			
C_3	P_{12}	P_{13}	P_{14}
P_{12}	1	1/2	1/8
P_{13}	2	1	1/9
P_{14}	8	9	1

3）层次单排序

依据层次分析法辅助计算软件 YaahpV7.5 进行一致性运算，如图2-23所示。

为使用层次分析法的决策过程提供模型构造、计算和分析等方面的帮助,利用该软件可以方便地完成层次分析法、模糊综合评价法以及层次分析法与模糊综合评价法相结合的多准则决策分析任务。

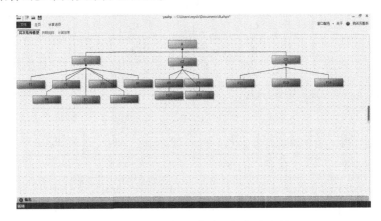

图 2-23　层次分析法辅助分析软件主界面

计算结果如下:

判断矩阵 A–C,如图 2-24 所示。$W = (0.6370, 0.2583, 0.1047)^T$,$\lambda_{max} = 3.0385$,$I^C = 0.02$,$I^R = 0.58$,$R^C = 0.037 < 0.1$。

1. A 一致性比例: 0.0370; 对"A"的权重: 1.0000; λmax: 3.0385				
A	C1	C2	C3	Wi
C1	1.0000	3.0000	5.0000	0.6370
C2	0.3333	1.0000	3.0000	0.2583
C3	0.2000	0.3333	1.0000	0.1047

图 2-24　判断矩阵 A–C 计算结果

判断矩阵 C_1–P,如图 2-25 所示。$\lambda_{max} = 7.7790$,$I^C = 0.1319$,$I^R = 1.32$,$R^C = 0.0955 < 0.1$,$W = (0.3716, 0.1061, 0.0763, 0.1018, 0.1241, 0.0961, 0.1241)^T$。

判断矩阵 C_2–P,如图 2-26 所示。$W = (0.0663, 0.1097, 0.3104, 0.5136)^T$,$\lambda_{max} = 4.2008$,$I^C = 0.053$,$I^R = 0.90$,$R^C = 0.0752 < 0.1$。

判断矩阵 C_3–P,如图 2-27 所示。$W = (0.0769, 0.1173, 0.8058)^T$,$\lambda_{max} = 3.0735$,$I^C = 0.043$,$I^R = 0.58$,$R^C = 0.0707 < 0.1$。

2. C1 一致性比例: 0.0955; 对"A"的权重: 0.6370; λmax: 7.7790

C1	P1	P2	P3	P4	P5	P6	P7	Wi
P1	1.0000	3.0000	5.0000	3.0000	3.0000	4.0000	4.0000	0.3716
P2	0.3333	1.0000	3.0000	1.0000	0.3333	1.0000	1.0000	0.1061
P3	0.2000	0.3333	1.0000	2.0000	0.5000	1.0000	0.5000	0.0763
P4	0.3333	1.0000	0.5000	1.0000	1.0000	3.0000	0.5000	0.1018
P5	0.3333	3.0000	2.0000	1.0000	1.0000	0.5000	1.0000	0.1241
P6	0.2500	1.0000	1.0000	0.3333	2.0000	1.0000	1.0000	0.0961
P7	0.2500	1.0000	2.0000	2.0000	1.0000	1.0000	1.0000	0.1241

图 2-25　判断矩阵 C_1-P 计算结果

3. C2 一致性比例: 0.0752; 对"A"的权重: 0.2583; λmax: 4.2008

C2	P8	P9	P10	P11	Wi
P8	1.0000	0.3333	0.2500	0.2000	0.0663
P9	3.0000	1.0000	0.2500	0.1667	0.1097
P10	4.0000	4.0000	1.0000	0.5000	0.3104
P11	5.0000	6.0000	2.0000	1.0000	0.5136

图 2-26　判断矩阵 C_2-P 计算结果

4. C3 一致性比例: 0.0707; 对"A"的权重: 0.1047; λmax: 3.0735

C3	P12	P13	P14	Wi
P12	1.0000	0.5000	0.1250	0.0769
P13	2.0000	1.0000	0.1111	0.1173
P14	8.0000	9.0000	1.0000	0.8058

图 2-27　判断矩阵 C_3-P 计算结果

4) 权重总排序

风氧化程度等级影响因素权重总排序结果见表 2-17。

表 2-17　风氧化程度等级影响因素权重总排序结果

层次 P	层次 C			层次总排序	
	C_1	C_2	C_3	结果	权值
	0.6370	0.2583	0.1047		
P_1	0.3921	0	0	1	0.2498
P_2	0.1040	0	0	7	0.0663

表2-17(续)

层次 P	层次 C			层次总排序	
	C_1	C_2	C_3	结果	权值
	0.6370	0.2583	0.1047		
P_3	0.0749	0	0	10	0.0477
P_4	0.0999	0	0	8	0.0636
P_5	0.1132	0	0	6	0.0721
P_6	0.0942	0	0	9	0.0600
P_7	0.1217	0	0	5	0.0775
P_8	0	0.0663	0	12	0.0171
P_9	0	0.1097	0	11	0.0283
P_{10}	0	0.3104	0	4	0.0802
P_{11}	0	0.5136	0	2	0.1327
P_{12}	0	0	0.0769	14	0.0081
P_{13}	0	0	0.1173	13	0.0123
P_{14}	0	0	0.8058	3	0.0844

9. 风氧化程度等级影响因素的权重值

根据层次总排序结果,风氧化程度等级影响因素的权重排序为:

P_1 为强度衰减率,权重为 0.2498;P_{11} 为完整性变异系数,权重为 0.1327;P_{14} 为吸水率变异系数,权重为 0.0844;P_{10} 为黏土类矿物颗粒含量变异系数,权重为 0.0802;P_7 为底鼓,权重为 0.0775;P_5 为收敛率,权重为 0.0721;P_2 为初始强度,权重为 0.0663;P_4 为深部位移,权重为 0.0636;P_6 为顶板下沉,权重为 0.0600;P_3 为离层值,权重为 0.0477;P_9 为充填物,权重为 0.0283;P_8 为胶结程度,权重为 0.0171;P_{13} 为渗透系数变异程度,权重为 0.0123;P_{12} 为水力通道发育程度,权重为 0.0081。

2.2.4 风氧化程度综合指数定量分级标准

(1)风氧化程度综合指数定量分级评价结果。根据"岩体风氧化程度综合指数",获取评价指标值(风氧化强度衰减率、完整性变异系数、吸水率变异系数、渗透性变异系数、黏土类矿物颗粒含量变异系数)及各自对应权重值,对风氧化程度进行定量评价,将风氧化程度划分为 5 个等级,即原始未风氧化、微风氧化、弱风氧化、中等风氧化和强风氧化。

（2）利用 Q_y 分级如下：

$Q_y \leqslant 0.05$ 　　　　　　原始未风氧化

$Q_y = 0.05 \sim 0.15$ 　　　　微风氧化

$Q_y = 0.15 \sim 0.35$ 　　　　弱风氧化

$Q_y = 0.35 \sim 0.75$ 　　　　中等风氧化

$Q_y = 0.75 \sim 1.00$ 　　　　强风氧化

用上述分级法与地质上钻探肉眼判断等级进行对比，大多数是吻合的，而且"岩体风氧化程度综合指数 Q_y"定量分级评价方法可以消除人为的误差。应当说明的是，上述岩体风氧化程度综合指数 Q_y 的概念，仅仅是表征岩体风氧化程度深浅的相对指标，而不是绝对值。

2.2.5 巷道风氧化程度分级评价系统

1. 系统开发构想

由于评价某条巷道的风氧化程度涉及指标较多，如果仅仅依靠技术人员手工计算费时费力，而且容易出现疏漏或主观经验预判。因此，本节将开发一套巷道风氧化程度分级评价系统，将某条待测巷道的强度衰减率、完整性变异系数、吸水率变异系数、渗透性变异系数及黏土类矿物颗粒含量变异系数等评价指标数值输入软件，系统自动运算，得出风氧化程度评价结果。

2. 系统基本结构

本系统由 Java 语言程序开发而成，开发环境为 Java1.8+NetBeansIDE，主要结合了上述计算分析得出的巷道风氧化程度判定指标权值和分级标准，系统的基本结构主要包括风氧化程度评价指标参数输入模块、风氧化程度综合指数运算模块和风氧化程度判定结果显示模块三部分。

1）风氧化程度评价指标参数输入模块

主要包括待测风氧化巷道和该矿区同一地层层位原始未风氧化岩石的单轴抗压强度值、岩体完整性指标值、吸水率、渗透系数、黏土类矿物颗粒含量等评价指标相关参数输入系统。

2）风氧化程度综合指数运算模块

根据用户输入的风氧化程度评价指标参数值，程序自动进行运算，分别得出风氧化岩石强度衰减率、风氧化岩体完整性变异系数、风氧化岩石吸水率变异系数、风氧化岩石渗透性变异系数、风氧化岩石黏土类矿物颗粒含量变异系数。输入上述风氧化程度评价指标对应的权重，系统程序自动算出岩体风氧化程度综合指数值。该部分是本系统的核心。

3）风氧化程度判定结果显示模块

利用程序设置的算法及风氧化程度综合指数分级标准，系统自动判定该条待测巷道的风氧化程度并显示给用户，用户可根据显示结果确定是否采取巷道围岩原位改性或对顶板支护方案进行后期优化。

3. 系统的使用

在 Java 平台上形成的风氧化程度分级评价系统，点击"Install"按钮，则进入系统安装界面，如图 2-28a 所示。安装完毕后，出现分级评价系统的用户登录界面，如图 2-28b 所示。

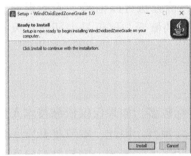
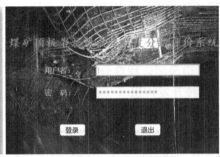

(a) 安装界面   (b) 用户登录界面

图 2-28 巷道风氧化程度分级评价系统的安装及用户登录界面

安装完毕后，进入系统主界面，用户可以根据风氧化程度评价指标不同参数输入具体数据。以某待测巷道顶板砂岩工程数据为例（图 2-29），分别输入：该矿区同一地层层位原始未风氧化砂岩的单轴抗压强度值 63.5 MPa、岩体完整性指标 RQD 92% 、岩石的吸水率 0.13、岩石渗透系数 0.23×10^{-4} cm/s、黏土类易膨胀矿物颗粒含量 6.5%。输入待测巷道顶板风氧化砂岩的单轴抗压强度值 13.5 MPa、岩体完整性指标 RQD 20% 、岩石的吸水率 0.24、岩石渗透系数 0.39×10^{-4} cm/s、黏土类易膨胀矿物颗粒含量 12.7%。点击"下一步"按钮，系统进行快速运算，点击"退出"按钮时，则回到起始界面。

系统采用设置的算法，自动运算得出风氧化岩体强度衰减率 78.74%、风氧化岩体完整性变异系数 78.26%、风氧化岩石吸水变异系数 84.62%、风氧化岩石渗透性变异系数 69.57%、风氧化黏土类易膨胀矿物颗粒含量变异系数 95.38%。同时输入上述风氧化程度评价指标对应的权重，如图 2-30 所示。点击"下一步"按钮，系统自动运算；点击"上一步"按钮，则回到上一界面，可以修改参数。

点击"下一步"按钮，得出待测巷道风氧化程度评价结果，如图 2-31 所示。

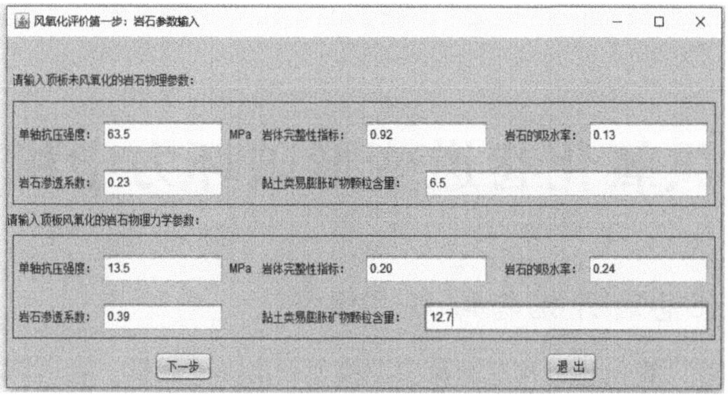

图 2-29   待测巷道岩石物理力学参数输入界面

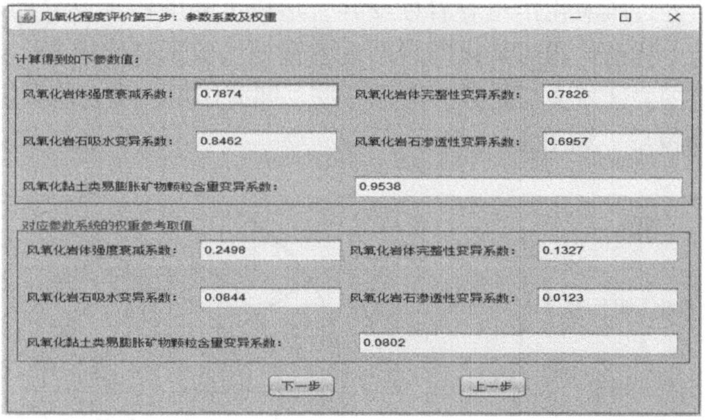

图 2-30   巷道风氧化程度分级评价指标参数输入界面

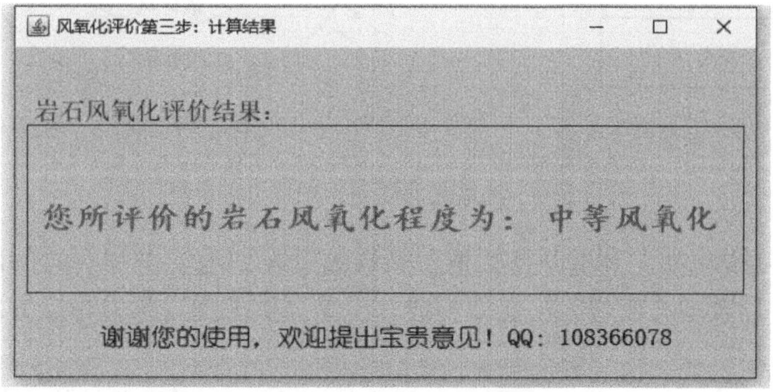

图 2-31   系统运行后输出结果界面

3 风氧化巷道变形破坏力学机理

3.1 风氧化巷道开挖卸荷力学模型

为便于构建风氧化巷道开挖卸荷力学模型做出如下假设：巷道简化为平面应变问题；掘巷前处于静水压力状态，即原岩应力大小为 p_0；掘巷后风氧化巷道划分为半径为 R_b 的破裂区和半径为 R_p 的风氧化区，假定支护作用于破裂区内。

考虑原岩经过风氧化作用后岩性变异，形成了强度弱于原岩的风氧化围岩，经过开挖卸荷、扰动作用风氧化围岩贴近巷壁处形成了破碎围岩，如图 3-1a 所示。依据巷道围岩区域类型划分，考虑开挖、卸荷作用，建立风氧化巷道的"开挖卸荷"力学模型，如图 3-1b 所示。

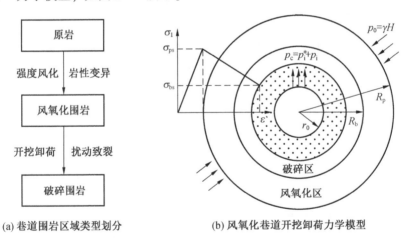

(a) 巷道围岩区域类型划分   (b) 风氧化巷道开挖卸荷力学模型

图 3-1 风氧化巷道开挖卸荷力学模型

由图 3-1b 可知，巷道开挖初期，新暴露开挖面与支护存在时间间隔，但开挖尺寸效应导致围岩变形无法立即释放，于是提供了围岩压力相反方向的虚拟支护阻力 p_i^*。

巷壁提供的支护力为 p_c，由"虚拟支护阻力" p_i^* 和承载结构支护力 p_i 共同组成，随着承载结构支护力 p_i 不断增大，p_i^* 呈现逐渐减小趋势，直至巷道围岩平

衡。根据已有研究成果，开挖初期，巷道断面上的荷载不会立即释放至初始值，而需经历一个时间过程。该荷载释放时间效应表达式为

$$p_0(t) = p_0(1 - 0.7\mathrm{e}^{-mt}) \tag{3-1}$$

式中，$m = \dfrac{3.15V}{2r_0}$，V 为巷道平均掘巷速度（单位为 m/d），r_0 为圆形巷道半径（单位为 m）；t 为从断面开挖瞬间的起始时间，d。

由此可知，开挖卸荷效应产生的虚拟支护阻力表达式为

$$p_i^* = p_0 - p_0(t) = 0.7p_0\mathrm{e}^{-mt} \tag{3-2}$$

下文中有关角标"e""p""b""bm"分别表示弹性区、风氧化区、非支护区、支护破裂区的物理量。

3.2 风氧化巷道本构模型

3.2.1 剪胀扩容

考虑风氧化区和破裂区岩体发生扩容，建立风氧化巷道剪胀扩容模型，简化描述扩容系数与应变之间的协同关系，如图 3-2 所示。

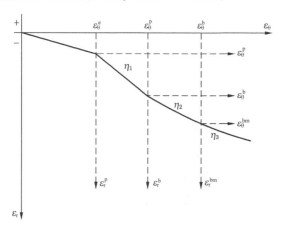

图 3-2 风氧化巷道剪胀扩容模型

考虑风氧化区和破裂区岩体发生扩容。在风氧化区，围岩扩容流动法则为

$$\Delta\varepsilon_r^p + \eta_1\Delta\varepsilon_\theta^p = 0 \tag{3-3}$$

式中，η_1 为风氧化区扩容系数；ε_θ 为巷道切向应变；ε_r 为巷道径向应变。

屈服函数 F 可用来表达塑性势函数 G，只需将 F 中的内摩擦角 φ 替换成剪胀角 ψ。塑性应变增量表达式为

$$d\varepsilon_{ij}^{p} = d\lambda \frac{\partial G}{\partial \sigma_{ij}} \qquad (3-4)$$

式中，$d\varepsilon_{ij}^{p}$ 为塑性应变增量；σ_{ij} 为应力张量；$d\lambda$ 为与塑性势函数相关联的比例系数，$d\lambda > 0$。

考虑到岩石塑性过程对强度准则表达式的影响，采用增量型本构关系简化统一强度准则，根据增量型本构关系，有

$$\frac{2\sigma_z - \sigma_r - \sigma_\theta}{2\sigma_r - \sigma_z - \sigma_\theta} = \frac{d\varepsilon_z}{d\varepsilon_r} \qquad (3-5)$$

对于平面应变问题，$\varepsilon_z = 0$ 为常量，则 $d\varepsilon_z = 0$，可得

$$\sigma_z = \frac{\sigma_\theta + \sigma_r}{2} \qquad (3-6)$$

风氧化巷道增量型本构关系屈服理论表达式为

$$\sigma_\theta = k_\varphi \sigma_r + \sigma_c \qquad (3-7)$$

式中，$k_\varphi = \frac{1 + \sin\varphi_t}{1 - \sin\varphi_t}$，$\sin\varphi_t = \frac{2(1+b)\sin\varphi_0}{2 + b(1 + \sin\varphi_0)}$，$c_t = \frac{2(1+b)c_0\cos\varphi_0}{2 + b(1 + \sin\varphi_0)} \frac{1}{\cos\varphi_t}$；

$\sigma_c = \frac{2c_t\cos\varphi_t}{1 - \sin\varphi_t}$。

联合式（3-3）和式（3-6），可得

$$\eta_1 = k_\psi \qquad (3-8)$$

式中，$k_\psi = \frac{1 + \sin\psi_t}{1 - \sin\psi_t}$，$\sin\psi_t = \frac{2(1+b)\sin\psi}{2 + b(1 + \sin\psi)}$；$\psi$ 为剪胀角。

非支护破裂区，扩容流动法则为

$$\Delta\varepsilon_r^b + \eta_2\Delta\varepsilon_\theta^b = 0 \qquad (3-9)$$

式中，η_2 为非支护破裂区扩容系数，一般取 $\eta_2 = 1.3 \sim 1.5$。

在支护破裂区，扩容流动法则为

$$\Delta\varepsilon_r^{bm} + \eta_3\Delta\varepsilon_\theta^{bm} = 0 \qquad (3-10)$$

式中，η_3 为支护破裂区扩容系数。

3.2.2 岩石强度参数风氧化模型

随着风氧化程度的加剧，岩石强度参数 c 值、φ 值会逐渐减小至残余值，假设风氧化过程呈现线性风氧化，建立岩石强度参数风氧化模型，如图3-3所示。

在风氧化区，有

$$\sigma_\theta^p = k_\varphi^p \sigma_r^p + \sigma_c^p \qquad (3-11)$$

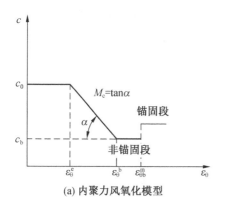

(a) 内聚力风氧化模型

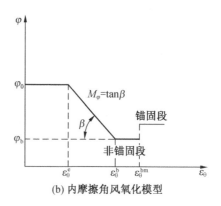

(b) 内摩擦角风氧化模型

图 3-3　岩体强度参数风氧化模型

式中，$k_\varphi^p = \dfrac{1 + \sin\varphi_t^p}{1 - \sin\varphi_t^p}$；$\sigma_c^p = \dfrac{2c_t^p\cos\varphi_t^p}{1 - \sin\varphi_t^p}$，$\sin\varphi_t^p = \dfrac{2(1 + b)\sin\varphi_p}{2 + b(1 + \sin\varphi_p)}$，$c_t^p = \dfrac{2(1 + b)c_p\cos\varphi_p}{2 + b(1 + \sin\varphi_p)}\dfrac{1}{\cos\varphi_t^p}$。

其中，$\varphi_p = \varphi_0 - M_\varphi(\varepsilon_\theta^p - \varepsilon_\theta^e)$、$c_p = c_0 - M_c(\varepsilon_\theta^p - \varepsilon_\theta^e)$ 随 ε_θ^p、ε_r^p 的变化而变化，并由 $\varepsilon_\theta - (\varepsilon_\theta^e)_{R_p} = \dfrac{2(1 + \nu)(p_0 - p_c)}{E(1 + \eta_1)}\left(\dfrac{r_0}{R_p}\right)^2\left[\left(\dfrac{R_p}{r}\right)^{1+\eta_1} - 1\right]$ 联合推导得到。c_b、φ_b 分别为破裂区的内聚力和摩擦角。内聚力风氧化模量 M_c 和内摩擦角风氧化模量 M_φ 根据有效塑性应变增量 $\Delta\varepsilon_\theta^p$ 和 $\Delta c = c_0 - c_b$ 的比值来确定。

由此可知，非支护和支护破裂区强度表达式为

$$\sigma_\theta^b = k_\varphi^b\sigma_r^b + \sigma_c^b \tag{3-12}$$

$$\sigma_\theta^{bm} = k_\varphi^{bm}\sigma_r^{bm} + \sigma_c^{bm} \tag{3-13}$$

3.3　非圆形巷道的近似圆形处理方法

根据非圆形巷道断面形状的处理，非圆巷形状的修正系数采用如下计算公式：

$$r_1^* = k\sqrt{\dfrac{S}{\pi}} \tag{3-14}$$

$$r_2^* = \dfrac{(2h + B) + \dfrac{B^2}{2h + B}}{4} \tag{3-15}$$

式中，r_1^* 为当量圆半径，m；S 为巷道断面，m^2；k 为断面修正系数；r_2^* 为外接圆半径，m；h 为直墙高，m；B 为巷道净宽，m。

3.3.1 巷道形状为直墙半圆拱

若巷道实际断面形状为直墙半圆拱时，巷宽 6 m，拱高 3 m，直墙高 2.0 m，如图 3-4 所示。根据式（3-14）、式（3-15）计算出当量圆半径为 $r_1^* = 3.633$ m、$r_2^* = 3.250$ m，取影响较大值 $r_1^* = 3.633$ m。

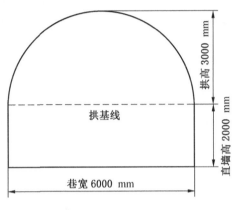

图 3-4　直墙半圆拱巷道断面

3.3.2 巷道形状为矩形

若巷道实际断面形状为矩形时，巷宽 6 m，巷高 5 m，如图 3-5 所示。同理，计算出当量圆半径为 $r_1^* = 4.327$ m、$r_2^* = 4.563$ m，取影响较大值 $r_1^* = 4.563$ m。

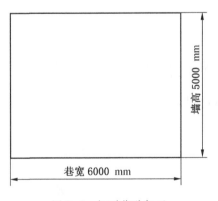

图 3-5　矩形巷道断面

3.4 风氧化巷道围岩力学分析

3.4.1 弹性区应力

针对弹性区的应力解，有

$$
\begin{cases}
\sigma_\theta^e = p_0\left(1 + \dfrac{r_0^2}{r^2}\right) - p_c\dfrac{r_0^2}{r^2} \\[4mm]
\sigma_r^e = p_0\left(1 - \dfrac{r_0^2}{r^2}\right) + p_c\dfrac{r_0^2}{r^2}
\end{cases}
\tag{3-16}
$$

式中，r 为围岩任意一点的半径，m。

弹性区径向位移：

$$
u_e = \frac{(1+\nu)r}{E}\left[p_0(1-2\nu) + (p_0 - p_c)\left(\frac{r_0}{r}\right)^2\right]
\tag{3-17}
$$

其中，围岩发生屈服是由于弹性区应力达到屈服应力的临界值，所以由式（3-7）和式（3-16）联立，可得

$$
p_0 = \frac{p_c\dfrac{r_0^2}{r^2}(1+k_\varphi) + \sigma_c}{1 - k_\varphi + (1+k_\varphi)\dfrac{r_0^2}{r^2}}
\tag{3-18}
$$

围岩屈服开始于巷道周边，此时等式（3-18）处于最小值，此即为围岩屈服时的原岩应力阈值 p_0^*，即

$$
p_0^* = \frac{p_c(1+k_\varphi) + \sigma_c}{2}
\tag{3-19}
$$

3.4.2 风氧化区、破裂区应力

根据式（3-11），并由边界条件 $r = R_p$ 时，$\sigma_r^e = \sigma_r^p$，可得风氧化区应力为

$$
\begin{cases}
\sigma_\theta^p = k_\varphi^p \sigma_r^p + \sigma_c^p \\[3mm]
\sigma_r^p = \left(\dfrac{r}{R_p}\right)^{k_\varphi^p - 1}\left[p_0 + (p_c - p_0)\left(\dfrac{r_0}{R_p}\right)^2 + \dfrac{\sigma_c^p}{k_\varphi^p - 1}\right] - \dfrac{\sigma_c^p}{k_\varphi^p - 1} \\[4mm]
\sigma_z^p = \dfrac{(k_\varphi^p + 1)\sigma_r^p + \sigma_c^p}{2}
\end{cases}
\tag{3-20}
$$

同理，可得"支护"破裂区应力：

$$
\begin{cases}
\sigma_\theta^{bm} = k_\varphi^{bm} \sigma_r^{bm} + \sigma_c^{bm} \\[2mm]
\sigma_r^{bm} = \left(\dfrac{A_{bm} + f_1 f_2 \dfrac{r}{r_0}}{A_{bm} + f_1 f_2} \right)^{k_\varphi^{bm}-1} \left[p_c + \dfrac{\sigma_c^{bm} + \dfrac{p_i r_0}{f_1 f_2 l_c}}{k_\varphi^{bm} - 1} \right] - \dfrac{\sigma_c^{bm} + \dfrac{p_i r_0}{f_1 f_2 l_c}}{k_\varphi^{bm} - 1} \\[4mm]
\sigma_z^{bm} = \dfrac{(k_\varphi^{bm} + 1) \sigma_r^{bm} + \sigma_c^{bm}}{2}
\end{cases}
\tag{3-21}
$$

以及"非支护"破裂区应力：

$$
\begin{cases}
\sigma_\theta^b = k_\varphi^b \sigma_r^b + \sigma_c^b \\[2mm]
\sigma_r^b = \left(\dfrac{r}{l_c} \right)^{k_\varphi^b - 1} \left[\left(\dfrac{A_{bm} + f_1 f_2 \dfrac{r}{r_0}}{A_{bm} + f_1 f_2} \right)^{k_\varphi^b - 1} \left(p_c + \dfrac{\sigma_c^b}{k_\varphi^b - 1} + \dfrac{p_i r_0}{f_1 f_2 l_c (k_\varphi^b - 1)} \right) - \dfrac{p_i r_0}{f_1 f_2 l_c (k_\varphi^b - 1)} \right] - \\[4mm]
\qquad \dfrac{\sigma_c^b}{k_\varphi^b - 1} \\[3mm]
\sigma_z^b = \dfrac{(k_\varphi^b + 1) \sigma_r^b + \sigma_c^b}{2}
\end{cases}
$$

$$
\tag{3-22}
$$

3.4.3 风氧化区、破裂区位移

风氧化区内总应变为

$$
\begin{cases}
\varepsilon_r = (\varepsilon_r^e)_{r=R_p} + \Delta\varepsilon_r^p \\[2mm]
\varepsilon_\theta = (\varepsilon_\theta^e)_{r=R_p} + \Delta\varepsilon_\theta^p
\end{cases}
\tag{3-23}
$$

联立式（3-3）和式（3-23），并由边界条件 $r = R_p$ 时，$u_e = u_p$，根据弹性力学知识，可知 $u_e = \dfrac{(1+\nu)r}{E}\left[p_0(1-2\nu) + (p_0 - p_c)\left(\dfrac{r_0}{r}\right)^2 \right]$，进而可得风氧化区位移：

$$
u_p = \dfrac{r}{1+\eta_1}\left[G + \dfrac{2(1+\nu)(p_0 - p_c)}{E}\left(\dfrac{r_0}{R_p}\right)^2\left(\dfrac{R_p}{r}\right)^{1+\eta_1} \right]
\tag{3-24}
$$

式中，$G = \dfrac{1+\nu}{E}\left[p_0(1-2\nu)(1+\eta_1) + (p_0 - p_c)\left(\dfrac{r_0}{R_p}\right)^2(\eta_1 - 1) \right]$。

非支护破裂区内总应变为

$$
\begin{cases}
\varepsilon_r = (\varepsilon_r^p)_{r=R_b} + \Delta\varepsilon_r^b \\[2mm]
\varepsilon_\theta = (\varepsilon_\theta^p)_{r=R_b} + \Delta\varepsilon_\theta^b
\end{cases}
\tag{3-25}
$$

联立式（3-24）和式（3-25），并由边界条件 $r = R_b$ 时，$u_p = u_b$，得非支护区位移为

$$u_b = \left[\frac{A}{1 + \eta_2} + \frac{2(1 + \nu)(p_0 - p_c)}{E(1 + \eta_2)} \left(\frac{r_0}{R_p}\right)^2 \left(\frac{R_p}{R_b}\right)^{1 + \eta_1} \left(\frac{R_b}{r}\right)^{1 + \eta_2} \right] r \quad (3 - 26)$$

由式（3-26）可知风氧化区内界面位移为

$$u^{d-s} = \left[\frac{A}{1 + \eta_2} + \frac{2(1 + \nu)(p_0 - p_c)}{E(1 + \eta_2)} \left(\frac{r_0}{R_p}\right)^2 \left(\frac{R_p}{R_b}\right)^{1 + \eta_1} \right] R_b \quad (3 - 27)$$

同理可得支护破裂区内位移为

$$u_{bm} = \frac{B}{1 + \eta_3} r - \left(\frac{B}{1 + \eta_3} - \frac{A}{1 + \eta_2} \right) \frac{l_c^{1 + \eta_3}}{r^{\eta_3}} \frac{\eta_2 - 1}{\eta_3 - 1} \quad (3 - 28)$$

由式（3-28）可知巷道周边位移为

$$u_{bm}|_{r = r_0} = \frac{B}{1 + \eta_3} r_0 - \left(\frac{B}{1 + \eta_3} - \frac{A}{1 + \eta_2} \right) \frac{l_c^{1 + \eta_3}}{r_0^{\eta_3}} \frac{\eta_2 - 1}{\eta_3 - 1} \quad (3 - 29)$$

3.4.4 风氧化区和破裂区分布范围

风氧化区和破裂区交界点，即 $r = R_b$ 时，风氧化区抗剪强度参数降至残余值，即 $c_p|_{r = R_b} = c_b$，且 $\varphi_p|_{r = R_b} = \varphi_b$，可得风氧化区半径与破裂区半径之比为

$$\begin{cases} \dfrac{R_p}{R_b} = \left[\dfrac{c_0 - c_b + D_c \left(\dfrac{R_p}{r_0}\right)^2}{D_c} \right]^{\frac{1}{1 + \eta_1}} \\ D_c = \dfrac{2M_c(1 + \nu)(p_0 - p_c)}{E(1 + \eta_1)} \end{cases} \quad (3 - 30)$$

在"弹性-风氧化"交界处，即 $r = R_p$ 时，有应力连续条件 $\sigma_\theta^e = \sigma_\theta^p$，代入式（3-16）和式（3-20），可得风氧化区半径：

$$R_p = r_0 \sqrt{\frac{(p_0 - p_c)(1 + k_\varphi)}{(k_\varphi - 1)p_0 + \sigma_c}} \quad (3 - 31)$$

求出 R_p 后，联立式（3-30），求出破裂区半径 R_b，即

$$R_b = r_0 \sqrt{\frac{(p_0 - p_c)(1 + k_\varphi)}{(k_\varphi - 1)p_0 + \sigma_c}} \left[\frac{D_c}{c_0 - c_b + D_c \left(\dfrac{r_0}{R_p}\right)^2} \right]^{\frac{1}{1 + \eta_1}} \quad (3 - 32)$$

3.5 风氧化巷道围岩力学响应参数分析

由第2章可知，风氧化砂岩能取出较为完整的岩芯，可以通过常规电液伺服压力机测试获得其基本力学参数，但风氧化泥岩比较破碎，现场取得完整岩样比

较困难，可采用点荷载试验测试获得风氧化泥岩不规则岩块的力学参数。经测试获得初始内聚力 $c_0 = 3.5$ MPa，内摩擦角 $\varphi_0 = 25°$，剪胀角 $\psi_0 = 10°$，抗剪屈服强度 $\tau = 15.2$ MPa。利用电液伺服压力机进行三轴压缩试验，获得塑性应变增量平均值 $\Delta\varepsilon_1^p = 0.96 \times 10^{-3}$，内聚力、内摩擦角增量的平均值 $\Delta c = 0.36$ MPa、$\Delta\varphi = 1.24$，可知内聚力、内摩擦角软化模量 $M_c = 400$ MPa、$M_\varphi = 1385°$。

根据非圆巷道断面形状修正系数，采用如下计算公式：

$$r_0^* = k\sqrt{\frac{s}{\pi}} \qquad (3-33)$$

式中，r_0^* 为当量圆半径，m；s 为巷道实际断面面积，m^2；k 为断面修正系数。

该风氧化巷道为大断面直墙半圆拱巷道，巷宽 5.0 m，巷高 3.5 m，断面修正系数 $k = 1.1$，根据式（3-40）计算当量圆半径为 $r_0^* = 3.426$ m。

3.5.1 岩石强度参数对风氧化巷道围岩位移的影响

当风氧化岩体开挖后，巷道围岩移动将受岩石抗剪强度参数劣化、扩容系数等因素影响。根据岩石力学试验获得的抗剪强度参数值，结合式（3-23）、式（3-27）、式（3-28），分别算出内聚力、剪胀角、扩容系数与风氧化围岩位移之间的协同关系，如图3-6~图3-8所示。

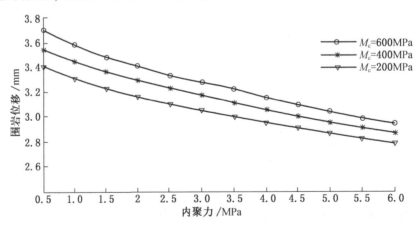

图3-6 内聚力对风氧化巷道围岩位移的影响

由图3-6可知：

（1）随着内聚力减小，风氧化巷道围岩破碎区附近岩层移动呈减小趋势，内聚力减小0.5 MPa，收敛量增加2 mm。

（2）降低内聚力软化模量，亦可降低围岩变形程度，内聚力软化模量降低200 MPa，围岩变形量减小1.6 mm。

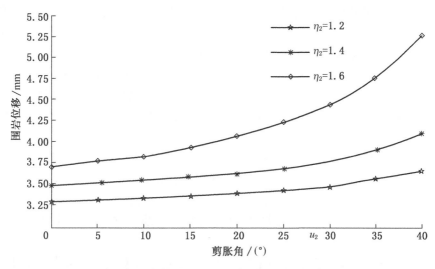

图 3-7　剪胀角、扩容系数（η_2）对风氧化巷道围岩位移的影响

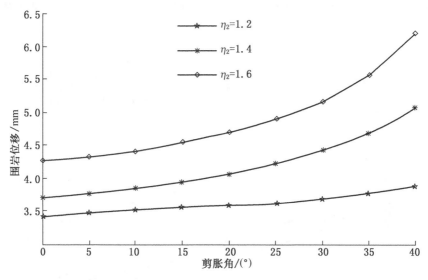

图 3-8　剪胀角、扩容系数（η_3）对风氧化巷道围岩位移的影响

由图 3-7、图 3-8 可知：

（1）扩容系数、剪胀角与风氧化巷道围岩位移量正相关。剪胀角增加 5°，位移量增大 6.5%~11.0%；降低剪胀角、扩容系数，巷道开挖后风氧化岩体的塑性变形显著缩小。

（2）随着风氧化程度增强，巷道围岩扩容程度加剧。当 $\eta_2 = 1.6$，剪胀角 $\geqslant$ 10° 或 $\eta_3 = 1.4$，剪胀角 $\geqslant$ 25° 时，风氧化围岩位移受剪胀角影响的敏感性较强。

3.5.2 岩石强度参数对风氧化区、破碎区分布范围的影响

根据岩石力学试验获得的抗剪强度参数值，由式（3-30）、式（3-31）分别计算巷道风氧化区、破裂区半径，研究巷道开挖过程中岩石抗剪强度、软化模量和剪胀角对围岩风氧化、破裂区分布范围的影响。由图 3-9、图 3-10 可知：

（1）随着内聚力增大或内聚力软化模量减小，巷道风氧化破裂范围减小。当 $0 < c_0 < 1.5$ MPa 时，内聚力增大 0.5 MPa，风氧化区范围减小 11.4%；当 1.5 MPa $< c_0 < 5.0$ MPa 时，内聚力增大 0.5 MPa，风氧化区范围减小 2%，影响程度减小，所以及时支护能够增大围岩强度，有助于减缓风氧化区范围扩大趋势。

（2）风氧化区和破碎区分布范围与内聚力呈负相关性，与剪胀角呈正相关性。剪胀角为某一定值时，内聚力增加 0.5 MPa，风氧化区、破裂区范围减小 2.1% ~ 3.6%；内聚力为某一定值时，剪胀角增加 5°，风氧化区、破裂区范围增大 1.2% ~ 4.1%。

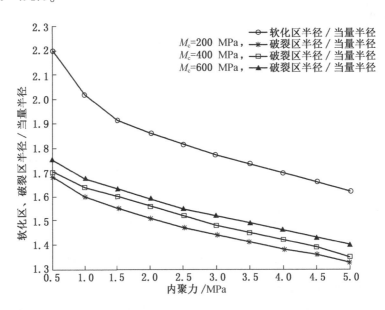

图 3-9　内聚力及其软化模量对巷道风氧化区范围的影响

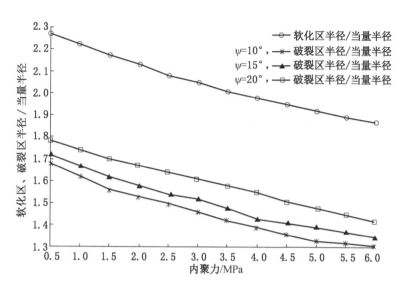

图 3-10 内聚力和剪胀角对巷道风氧化区范围的影响

3.5.3 风氧化程度影响下开挖围岩次生应力分布

考虑风氧化程度对巷道围岩承载能力的影响，选取不同强度参数值分别表征强风氧化、中等风氧化和弱风氧化围岩，由式（3-19）~式（3-21）分别计算得出不同风氧化程度条件下巷道围岩风氧化区、非支护破碎区、支护破碎区的次生应力分布，研究切向应力、等效剪应力集中范围。如图 3-11 所示。

（1）弱风氧化巷道围岩次生应力分布。切向应力集中范围为 $1.44r_0 < r < 1.68r_0$，切向应力峰值点位于 $1.51r_0$，应力集中系数 $k = 1.50$；等效剪应力集中范围 $1.48r_0 < r < 1.65r_0$，最易发生剪切失稳位置为 $1.50r_0$，等效剪应力峰值 $\tau_i^{max} = 22.3$ MPa。

（2）中等风氧化巷道围岩次生应力分布。切向应力集中范围为 $1.56r_0 < r < 1.92r_0$，切向应力峰值点位于 $1.61r_0$，应力集中系数 $k = 1.68$；等效剪应力集中范围 $1.58r_0 < r < 1.82r_0$，最易发生剪切失稳位置为 $1.60r_0$，等效剪应力峰值 $\tau_i^{max} = 24.5$ MPa。

（3）强风氧化巷道围岩次生应力分布。切向应力集中范围为 $1.59r_0 < r < 1.98r_0$，切向应力峰值点位于 $1.73r_0$，应力集中系数 $k = 1.75$；等效剪应力集中范围 $1.61r_0 < r < 1.90r_0$，最易发生剪切失稳位置为 $1.71r_0$，等效剪应力峰值 $\tau_i^{max} = 27.6$ MPa。

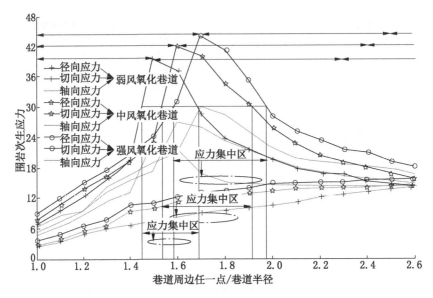

图 3-11 不同风氧化程度对围岩次生承载结构的影响

4 风氧化富水巷道变形失稳特征模拟研究

由于风氧化富水巷道围岩失稳垮冒的危险性和巷道支护工程的隐蔽性，使得不同风氧化程度巷道围岩变形失稳对比研究难以借助现场原位测试完成，同时，直接钻取研究地点真实各类风氧化煤岩体加工制作成为模型进行试验研究的困难同样较大。国内外众多学者主要在实验室开展了大量的物理模拟和数值模拟研究。已有成果表明，模拟试验是研究不同风氧化程度巷道变形失稳垮冒特征的重要途径之一，而相似材料的配制和试验装置的研制是模拟试验成败的关键。在国内已有模拟地下巷道开挖与变形失稳特征室内试验装置中，大多采用平面或平-立组合相似模拟装置，传统的模拟配比无法表征不同风氧化程度煤岩体，而且数字散斑技术及声发射监测等灵敏度较高的数据获取技术大多应用于单体岩石样品的室内测试，在更大尺度的风氧化巷道模拟研究领域应用较少；已有数值模拟研究成果针对风氧化变异岩体强度参数梯度衰减及完整性劣化的考虑不足。因此，本章围绕不同风氧化巷道变形失稳差异性，设计风氧化相似材料配比方案；自主研制风氧化富水巷道变形破坏相似模拟试验平台，借助小尺度试验装置，能够增加重复试验的可能性，并能降低试验中不可控因素影响；同时，借助数值模拟软件，嵌入渗透率与体积应变增量耦合动态模型，对比不同风氧化程度巷道围岩失稳垮冒过程及宏观破坏特征，进而验证试验研究的准确性。

4.1 不同风氧化程度相似材料的选择与制备

4.1.1 研制思路

低强度、可塑性并具有一定抗渗性的相似材料的配比制作是风氧化巷道围岩相似模拟研究的基础。铺设相似模型的第一步就是相似材料的选择与制备。

1. 不同风氧化程度相似模拟材料配比

根据相似理论推导出相似模型试验所需相似材料的性能参数（相似常数），在传统固体相似材料配比（细沙、石膏、碳酸钙、水）基础上，做如下 3 个方面的调节：

（1）水泥：调节强度，对应不同风氧化程度的强度衰减特性和完整性变异特性。

（2）细沙、石膏、碳酸钙：调节水理特性，对应不同风氧化程度的吸水率变异特性、渗透性变异特性。

（3）高岭土：调节矿物颗粒含量，对应不同风氧化程度的黏土类易膨胀矿物颗粒含量变异特性。

通过调节各组分含量配比，批量制作相似材料标准试件，系统测试每种配比试件的力学性能参数，以本书第 2 章提出的"岩体风氧化程度综合指数"为评价标准，最终确定表征不同风氧化程度的相似模拟材料配比数据。

2. 顶板微型含水层相似模拟

提前预制的顶板微型含水层包括以下两部分：

（1）内核：采用级配不同的鹅卵石、细沙和石膏，加水搅拌，浇筑成形，其内预埋带孔注水管。

（2）外圈封裹层：使用石蜡封裹，石蜡速凝性脆，既具有良好的堵水功能，又能满足试验加载含水层的石蜡质外圈封裹层脆性破断，水沿着巷道顶板裂隙导通至巷道空间的需要。

选用符合国家工业标准的 58 号精炼石蜡，细沙选用质地坚硬、颗粒洁净的天然河沙。

4.1.2 相似材料选择

1. 骨料

骨料性质的变化将对不同风氧化程度相似模拟材料的强度、容重等力学参数产生显著影响。相似模拟所用河沙经过筛子分选，粒径范围为 0.45~1.21 mm，含泥量小于 2%。

2. 胶结材料

不同风氧化程度岩体的相似模拟试验要求相似材料具有变动空间较大的抗压强度（以便对应不同风氧化程度的强度衰减特性和完整性变异特性）、差异性较大的水理特性（对应不同风氧化程度的吸水率变异特性、渗透性变异特性），且同时具有较易调节的矿物颗粒含量（对应不同风氧化程度的黏土类矿物颗粒含量变异特性）。

试验在传统固体相似材料配比（细沙、石膏、碳酸钙）基础上，优先选用普通硅酸盐水泥作为主胶结材料，高岭土等为辅助胶结材料，以方便调节获取不同风氧化程度的强度衰减特性、完整性变异特性、吸水率变异特性、渗透性变异特性及黏土类矿物颗粒含量变异特性。试验材料如图 4-1 所示。通过每种配比试件的力学性能参数系统测试，确定表征不同风氧化程度的相似模拟材料配比数据。

(a) 细沙　　　　　　　(b) 碳酸钙　　　　　　　(c) 石膏

(d) 石蜡　　　　　　　(e) 高岭土　　　　　　　(f) 水泥

图 4-1　模拟不同风氧化程度岩层的相似材料

4.1.3　不同风氧化程度相似材料配制方案

根据已有矿区风氧化地层揭露情况及巷道顶板钻孔，可知不同矿区、不同埋深的地层风氧化程度差异显著，巷道顶板泥岩、砂质泥岩及顶煤存在风氧化变质为松散土的情况，给现场取芯及室内测试带来极大困难，但顶板砂岩由于自身强度较硬，抵抗风氧化能力较强，现场取芯及室内测试均容易实现，因此，以巷道顶板砂岩的强度、完整性变异特性、水理性及黏土类颗粒含量等参数的变异系数作为某条巷道风氧化程度综合评价标准。现场岩样取自中煤平朔井工三矿风氧化区域 39107 辅运巷顶板砂岩。为确定不同风氧化程度的相似配比，调节各组分含量配比，采用硬质塑料土工标准模具或铁制品模具批量制作标准试件，并进行相似材料试件的物理力学参数测试。

1. 制作标准试件

配比方案参见表 4-1，根据配比计算每组试件所需河沙、水泥、石膏及高岭土用量，然后向试模内注入拌合物，待材料成型之后拆模，自然条件下养护至完全干燥硬化。试件制作过程如图 4-2 所示。

表 4-1　不同风氧化程度相似材料配比方案

沙子：水泥：石膏	高岭土的比例	水的比例
7：3：7	1/15	1/6
7：4：6	1/15	1/6

表4-1(续)

沙子：水泥：石膏	高岭土的比例	水的比例
7：5：5	1/15	1/6
7：6：4	1/15	1/6
7：7：3	1/15	1/6
6：3：7	1/15	1/6
6：4：6	1/15	1/6
6：5：5	1/15	1/6
6：6：4	1/15	1/6
6：7：3	1/15	1/6
5：3：7	1/15	1/6
5：4：6	1/15	1/6
5：5：5	1/15	1/6
5：6：4	1/15	1/6
5：7：3	1/15	1/6

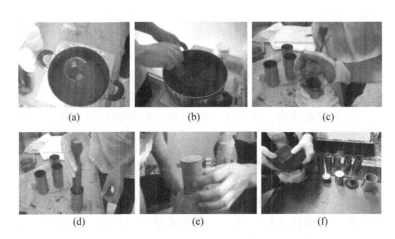

图4-2 相似材料标准试件制作过程

批量制作的不同风氧化程度相似材料标准试件采用自然养护，放置21 d至完全干燥硬化后进行测试。养护好的试件样品如图4-3所示。

2. 预制微型含水层

提前预制的顶板微型含水层包括内核和外圈封裹层两部分。内核采用级配不

图 4-3 不同配比的单轴抗压试验标准试件样品

同的鹅卵石、细沙和石膏，加水搅拌，浇筑成型，其内预埋带孔注水管，内核制作完成后需在自然条件下养护至完全干燥硬化。外圈使用石蜡封裹，选用 58 号全精炼石蜡，加热熔化后使用小细刷将液状石蜡刷涂在含水层内核外圈，形成外圈石蜡封裹层，该过程应尽量迅速，避免因石蜡过早凝固而影响微型含水层制作效果结果。

3. 试件性能参数测试

不同风氧化程度相似模拟材料加工成标准试件后，其力学参数测试参照《煤和岩石物理力学性质测定方法》（GB/T 23561.10—2010）试验标准进行。

4.1.4 不同风氧化程度相似材料参数测试

根据第 2 章提出的"岩体风氧化程度综合指数"，应定量获取 5 个评价指标值（风氧化岩石强度衰减率、完整性变异系数、吸水率变异系数、渗透性变异系数、黏土类矿物颗粒含量变异系数）及各自对应权重值，对风氧化程度进行定量评价。在室内配制的不同风氧化程度的相似材料试件，其不同配比的标准试件强度衰减率较容易精准获得，但其完整性变异系数、吸水率变异系数、渗透性变异系数、黏土类矿物颗粒含量变异系数较难获得，亦不精准。因此，仅以不同配比标准试件的"强度衰减率"单一指标作为岩体风氧化程度的评定依据。依据《煤和岩石物理力学性质测定方法》（GB/T 23561.10—2010），对上述批量制作的不同配比的标准试件进行抗压强度参数测试，首先确定表征原始未风氧化砂岩的配比号，其余各类配比标准试件的抗压强度值与原始未风氧化强度值对比，获得"强度衰减率"，从而选定表征不同风氧化程度的配比号。

1. 抗压强度实验分析

针对既定的 15 种材料配比，每种配比制作 3 个标准试件，自然养护后进行抗压强度测试。试验现场及测试后的相似材料标准试件如图 4-4 所示。

(a) 试验现场

(b) 相似标准试件

图 4-4　单轴抗压测试后的相似材料标准试件

相似材料标准试件单轴压缩测试应力-应变曲线如图 4-5 所示。根据测试结果可知：

同一骨料含量条件下（河沙占比固定），试件的抗压强度值随着水泥含量的增加而增大。例如，骨料细沙配比为"7"时，水泥含量从"1"份占比的 30% 增加到 40%、50%、60%、70%（配比号 7：3：7、7：4：6、7：5：5、7：6：4、7：7：3），试件抗压强度值由 0.183 MPa 增大至 0.523 MPa，抗压强度增大 2.9 倍。

当细沙占比由"7"降低至"5"时，胶结材料占比升高，继续改变水泥和石膏含量，不同配比的相似材料试件的抗压强度值增量显著性逐渐降低。沙子配比为"7"的试件（配比号 7：3：7、7：4：6、7：5：5、7：6：4、7：7：3），随着水泥占比的提高，其抗压强度值增量显著（试件抗压强度值由 0.183 MPa 增大至 0.523 MPa，抗压强度增大 2.9 倍）；沙子配比为"6"的试件（配比号 6：3：7、6：4：6、6：5：5、6：6：4、6：7：3），随着水泥占比的提高，其抗压强度值增量显著性逐渐降低（试件抗压强度值由 0.296 MPa 增大至 0.571 MPa，抗压强度增大 1.9 倍）；而沙子配比为"5"的试件，随着水泥占比的提高，其

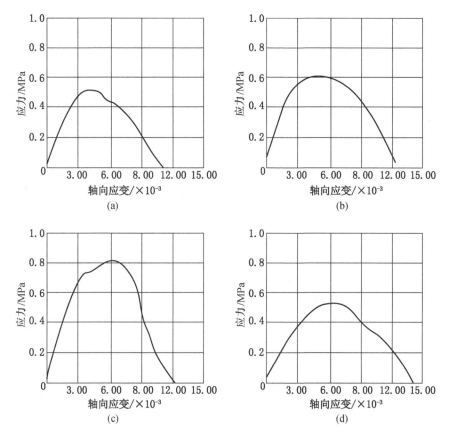

图 4-5 相似材料标准试件单轴压缩测试应力-应变曲线

抗压强度值增量趋缓（试件抗压强度值由 0.681 MPa 增大至 1.142 MPa，抗压强度增大 1.68 倍）。

当骨料细沙占比降低、胶结材料占比升高后，相似材料试件的胶结越密，标准试件的抗压强度越大，但增大水泥占比，其抗压强度值增量显著性减弱，即优先在沙子配比为"5"的范围内选取表征原始未风氧化、微风氧化和弱风氧化相似配比号，在沙子配比为"7"的范围内选取表征强风氧化相似配比号，在沙子配比为"6"的范围内选取表征中等风氧化相似配比号。这样做，既能消除河沙级配和水泥标号等材料本身带来的试验误差，又能满足在抗压强度浮动充足变动空间内选取相似配比号，以表征不同风氧化程度（对应不同风氧化程度的强度衰减特性和完整性变异特性）。

同一骨料含量条件下（河沙占比固定），试件的抗压强度值随着水泥含量的增加而增大,满足风氧化相似材料具备变动空间较大的抗压强度(以便对应不同风氧化程度的强度衰减特性和完整性变异特性),但柔性减弱,需增强试件的变形能力。试验时,加入高岭土比例分别为总重量的1/10、1/12、1/15,自然养护后再次测试试件的抗压强度。同一配比试件的抗压强度值随着高岭土含量的增加而降低;细沙、水泥、石膏配比为7∶6∶4时,仅加入1/15高岭土时,试件抗压强度为0.395 MPa,当加入高岭土含量升高至1/10时,试件抗压强度为0.342 MPa,抗压强度值降低了13.4%,即在沙子、水泥、石膏相似材料基础上,加入高岭土可以降低试件强度,增大试件柔性。

根据不同风氧化程度标准试件强度测试结果,依据"岩体风氧化程度综合指数"及确定的指标取值范围,确定原始未风氧化岩石、微风氧化岩石、弱风氧化岩石、中等风氧化岩石、强风氧化岩石的相似配比号分别为5∶7∶3、5∶6∶4、5∶5∶5、6∶6∶4、7∶3∶7,测试结果见表4-2。

表4-2 不同风氧化程度相似材料力学测试结果

细沙∶水泥∶石膏	高岭土比例	水的比例	抗压强度/MPa	抗压强度平均值/MPa	强度衰减率/%
5∶3∶7	1/15	1/6	0.651/0.682/0.711	0.681	40.4
5∶4∶6	1/15	1/6	0.681/0.721/0.737	0.713	37.6
5∶5∶5	1/15	1/6	0.742/0.935/0.915	0.864	24.3
5∶6∶4	1/15	1/6	0.898/0.997/1.058	0.984	13.8
5∶7∶3	1/15	1/6	1.134/1.149/1.143	1.142	0
6∶3∶7	1/15	1/6	0.285/0.272/0.332	0.296	74.1
6∶4∶6	1/15	1/6	0.461/0.392/0.429	0.427	62.6
6∶5∶5	1/15	1/6	0.497/0.498/0.469	0.488	57.3
6∶6∶4	1/15	1/6	0.494/0.492/0.562	0.516	54.8
6∶7∶3	1/15	1/6	0.572/0.619/0.523	0.571	50
7∶3∶7	1/15	1/6	0.250/0.122/0.176	0.183	83.9
7∶4∶6	1/15	1/6	0.435/0.412/0.371	0.406	64.4
7∶5∶5	1/15	1/6	0.479/0.407/0.428	0.438	61.6
7∶6∶4	1/15	1/6	0.519/0.415/0.395	0.443	61.2
7∶7∶3	1/15	1/6	0.512/0.540/0.516	0.523	54.2

2. 表征不同风氧化岩石的相似材料配比

不同风氧化岩石的相似材料配比见表4-3。

表4-3 表征不同风氧化岩石的相似材料配比

配比号	所表征的风氧化程度	强度特性		评价标准
		抗压强度/MPa	强度衰减率/%	岩体风氧化程度综合指数（Q_y）
5 : 7 : 3	原始未风氧化	1.142	0	<0.05
5 : 6 : 4	微风氧化	0.984	13.8	0.05~0.15
5 : 5 : 5	弱风氧化	0.864	24.3	0.15~0.35
6 : 6 : 4	中等风氧化	0.516	54.8	0.35~0.75
7 : 3 : 7	强风氧化	0.183	83.9	0.75~1.00

4.2 风氧化巷道变形失稳垮冒相似模拟试验平台

研制了风氧化巷道围岩变形失稳相似模拟试验平台，包括风氧化巷道变形破坏相似模拟装置和数据采集测试系统。风氧化巷道围岩变形破坏相似模拟装置由电液伺服压力加载装置、气液联动注水装置、模型试件加载框体与声发射传感器固定装置等构成；数据采集测试系统由围岩压力应变采集系统、巷道顶板内部位移监测系统、声发射探测系统、数字散斑图像采集系统组成，如图4-6所示。利用该试验装置及测试系统进行不同风氧化程度巷道围岩变形失稳模拟试验，分析巷道围岩变形破坏动态扩展及宏观破坏特征。

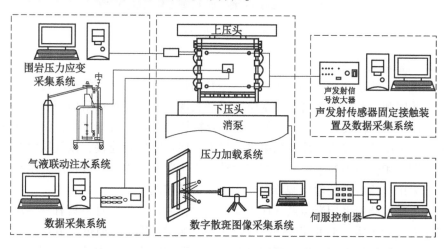

图4-6 风氧化巷道围岩变形失稳相似模拟试验平台

4.2.1 风氧化巷道围岩变形破坏相似模拟装置

研制的风氧化巷道围岩变形破坏相似模拟装置实物如图4-7所示。

图4-7 风氧化巷道围岩变形破坏相似模拟装置实物

1. 电液伺服压力加载装置

电液伺服压力加载装置实物（RMT-310电液伺服压力机）如图4-8所示。

图4-8 电液伺服压力加载装置实物

2. 气液联动注水装置

气液联动注水装置（图4-9）包括一套通过氮气压力调控注水压力的气液联动试验装置和一套采用精密水压水位传感器实现模拟水压水量精准控制和实时显示的水压水量监测装置。目前，氮气储运及控压技术得到普遍应用，使应用气压精准调控水压技术成为可能。如果将储气罐与储水容器相连接，该气压完全可用来精准调控相似模拟注水压力。气液联动注水装置主要由储气罐和压力水罐相互套接，采用气体压力的精确调节实现水压的精准控制。

气液联动装置采用灌装氮气作为动力气源，通过注气胶管将具有一定压力的氮气注入压力水罐上部的储气空间（其下部为储水空间），通过调节氮气储气罐的平衡阀，使储气空间内压力恒定在初设值，下部储水空间内的水受到挤压，再打开压力水罐底部的注水阀门，通过注水胶管将某一标定压力的水注入提前铺设好的模拟含水层内，实现气压对水压的精准控制。气液连接管件将压力水罐、储

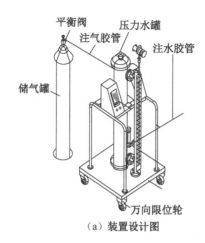
（a）装置设计图

平衡阀
压力水罐
注气胶管
注水胶管
储气罐
万向限位轮

（b）装置实物照片

图 4-9 气液联动注水装置

气罐与风氧化巷道围岩模拟装置连接成一体，并与相似模型配合完成不同风氧化程度巷道围岩变形破坏演化过程的模拟工作。

（1）储气罐。采用常规氮气储运罐，其底部安装有万向轮（优选为万向限位轮），便于将储气罐移动至需要位置。

（2）压力水罐。压力水罐上部是储气空间，下部为储水空间。压力水罐固定在支撑架的底板上，支撑架的底部安装有 4 个万向限位轮，移动方便。压力水罐上端安装有进气接头（用来模拟不同层位含水层时连接注水胶管），其下端安装有放水阀，通过注水胶管与模拟装置的进水接头相连。压力水罐的容积根据相似模拟试验中模拟含水层需水量、模拟水压力的大小确定，其有效高度为 1300 mm、直径为 215 mm，最大压力为 80 kPa，可模拟 0~8 MPa 的真实含水层水压。

（3）气液连接管件。气液连接管件包括注水胶管、注气胶管。注水胶管和注气胶管均由双层钢丝网的橡胶材料制成，并且在注水胶管和注气胶管的两端分别压制有连接接头。注水胶管的一端与压力水罐的放水阀连接，另一端与风氧化巷道围岩模拟装置框架上的注水孔连接。注气胶管的一端与压力水罐的进气接头连接，另一端与储气罐的出气接头连接。

（4）水压、水量监测装置。在压力水罐侧壁下部安装磁体式水位显示器（电子水位检测器），该磁体式水位显示器的下端通过法兰与支撑架的底板固定连接，上端与数显水位表相连，用来监测压力水罐注入模拟含水层内的水量变化。在压力水罐侧壁下部安装水压传感器，精度为 0.001 MPa，用来实时监测并显示压力水罐出水压力值。上述数显水压表、数显水位表和时间显示表均安装在集中控制盒内，集中控制盒固定在支撑架上，其上设有液晶显示屏。

3. 模型试件加载框体与声发射传感器固定装置

模型试件加载框体是用于风氧化巷道围岩模型试件压力加载的辅助框架装置，既能固定提前制备的风氧化巷道模型，又设计了声发射传感器固定承托板及固定装置且预留与外部注水装置相连通的孔位，实物如图4-10所示。

图 4-10 模型试件加载框体整体设计实物照片

（1）整体框架。由 10 mm 厚的钢板焊制而成，设计尺寸为 450 mm × 350 mm × 200 mm。该框架前侧面装有 8 mm 厚的有机玻璃板，便于进行风氧化富水巷道围岩变形破坏特征的统计观测和可视化试验。框架底部设计有高为 150 mm 的底座支撑模型框体，左右两侧钢板与底座两端采用高强螺栓固定，底座、两侧板、上下承压板及声发射固定承托板均为不锈钢结构件，强度高，确保装置整体框架稳定可靠。

（2）注水联络孔。左右侧钢板的中部沿竖向加工 4 个注水联络孔，孔径均为 12 mm。每个注水孔上均安装有进水接头，方便连接注水胶管，以便对应模拟不同层位含水层，注水孔为内螺纹孔，可以通过缠绕生胶带保证注入的水体不会从注水孔接口处泄漏。

声发射传感器固定承托板（图4-11）为不锈钢构件，室内组装及模拟铺设灵活方便。该装置解决了室内测试时声发射传感器难以粘贴固定的技术难题，既确保了传感器与被测试件紧密接触，又避免了上下承压钢板加载时对传感器的机械损害。

4. 其他部件

有机玻璃板自动锁紧装置及预留出线槽，左右侧钢板上分别设置有多个有机玻璃板自动锁紧装置，替代了使用扳手人力拧紧对穿螺栓固定有机玻璃板的简单方式，且预留巷道开挖空间。同时，有机玻璃板自动锁紧装置上设有出线槽，将相似模型中预埋的应力应变传感器、水压传感器及声发射传感器的数据线引出至外部静态应变仪或声发射信号仪上，防止数据线被卡断。模型试件加载框各部件如图 4-12 所示。

图 4-11 声发射传感器固定承托板　　　图 4-12 模型试件加载框体各部件

4.2.2 数据采集测试系统

与机械法数据测量相比，电测法和光测法的灵敏度和精度均明显改善，但针对相似模型内部裂隙发育扩展、表面及内部变形的精准量测等方面，传感器埋设相对困难，测试程序要求比较严格，对环境要求较高，操作烦琐等。试验使用的数据采集测试系统由围岩压力应变采集系统、巷道顶板内部位移监测系统、声发射监测系统、数字散斑图像采集系统组成，采用基于有限元插值的数字散斑技术精准捕捉模型表面变形，声发射数据采集系统监测相似模型内部裂隙发育扩展演化特征，并自制巷道顶板深部位移模拟试验监测系统实现相似模型内部变形的精准量测。

1. 围岩压力应变采集系统

围岩压力应变采集系统如图 4-13 所示。

2. 巷道顶板内部位移监测系统

风氧化巷道围岩在风氧化煤岩体强度衰减、裂隙水弱化围岩、非线性大变

图 4-13 围岩压力应变采集系统

形、非协调支护等多重因素影响下，导致巷道顶板内部位移突变冒顶事故的发生。顶板内部位移作为煤矿巷道垮冒失稳事故的主要安全隐患，对巷道安全高效快速掘进及围岩稳定性控制影响显著，但调研、现场实测发现，此类巷道在顶板内部位移值较小的情况下，仍发生冒顶事故，即顶板内部位移处于渐进发育期的表象低值容易掩盖处于突变急增垮冒失稳期的实质峰值。为此，本书自主研制了模型巷道顶板内部位移监测系统，该系统基于精密位移传感技术能够实时监测记录相似模拟巷道开挖顶板岩体内部位移渐进发育至突变致灾演化过程，为前置性处置风氧化巷道顶板失稳垮冒灾害提供决策依据。

巷道顶板内部位移监测系统设计。巷道顶板内部位移监测系统由位移监测组件、位移传导组件和位移传感监测记录显示组件构成。位移传导组件的直角型高强度梁式支架的高度可调、长度可伸缩，以适应不同层位处开挖巷道，将位移监测组件监测到的位移传导至位移传感监测记录显示组件。位移传导组件结构示意如图 4-14 所示。

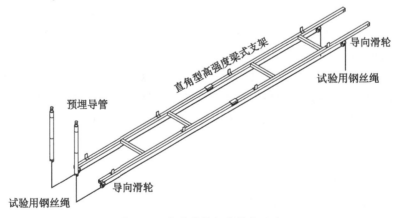

图 4-14 位移传导组件结构示意

位移传感监测记录显示组件（图4-15）包括电阻式位移传感器、精密位移检测电路、单片机电路、人机接口电路、存储电路、通信电路和计算机。

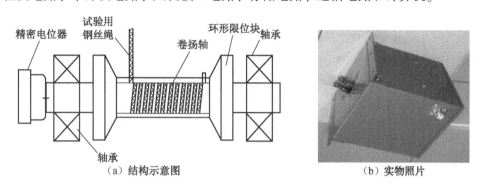

（a）结构示意图　　　　　　　　　（b）实物照片

图4-15　位移传感监测记录显示组件

位移检测电路采用单电源12 V供电的运放LM358设计，通过位移测量模块配合相应的放大调整电路实现。同时，设计了按键与显示模块，液晶屏实时显示测量位移值。

所用精密恒流源电路电流范围为0~20 mA，位移传感器型号为STS-R-1000，单片机型号为STC12C5A60S2。位移传感器测量长度范围为0~200 mm，精度为0.1 mm，实时监测记录相似模拟巷道开挖产生的微小顶板内部位移变形量。

位移传感监测过程为：位移传导组件将位移量传递至位移传感监测记录显示组件内部安装的电阻式位移传感器上，电阻式位移传感器将信号传递至精密恒流源电路，精密恒流源电路将信号传递至单片机电路，单片机电路与人机接口电路、存储电路、通信电路之间双向传递信号，从而实现相似模拟巷道开挖顶板内部位移实时在线监测与数据显示。监测系统原理如图4-16所示。

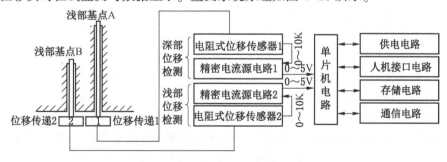

图4-16　巷道顶板内部位移监测系统原理

为测试该系统可靠性并获得测量误差控制范围，在实验室进行了可靠性综合测试。该位移监测系统测量误差控制在±2%，位移变化量的测试值与标准值（真实值）之间的线性相关系数达到了0.98（图4-17），表明位移传感器监测到的变形量与相似模拟巷道开挖顶板位移量呈良好线性关系，单片机根据采样电压值分析计算得到的位移量，能够准确可靠对应相似模拟巷道开挖产生的真实顶板位移量。

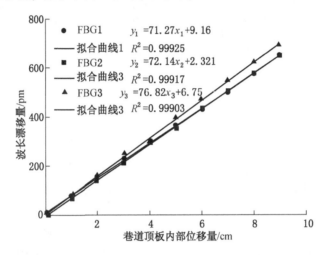

图 4-17 巷道顶板内部位移监测系统可靠性测试标定曲线

3. 声发射探测系统

声发射（Acoustic Emission，AE）是指材料或结构中局部区域应力集中，快速释放能量并产生瞬态弹性波的现象。与超声或射线探测方法相比，声发射探测到的能量来自被测试物体本身，而非仪器提供，而且声发射能够探测和评价整个相似模型试件中动态扩展的裂纹发育状态。试验中，风氧化巷道相似模型在外力作用下（电液伺服压力机加载），从模型内部声发射源发射的弹性波最终传播到达相似模型表面，引起可以用声发射传感器探测的振动，探测器将模型的机械振动转换为电信号，再经放大、处理和记录。风氧化巷道模型试件声发射探测基本原理如图4-18所示。

试验声发射源定位方法采用三维立体定位，通过时差确定声发射源的位置。采用的声发射仪器技术参数：8通道同步连续全波形采集，USB3.0接口，数据连续通过率为393 MB/S，波形数据通过率为288 MB/S，配置12TB硬盘，8通道同步采集，每通道最高3M采样速度，可连续存储参数波形数据。声发射探测系统如图4-19所示，声发射采集分析软件界面如图4-20所示。

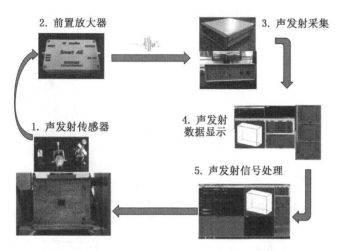

图 4-18   风氧化巷道模型试件声发射探测基本原理

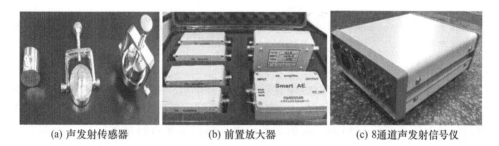

(a) 声发射传感器   (b) 前置放大器   (c) 8通道声发射信号仪

图 4-19   声发射测试系统

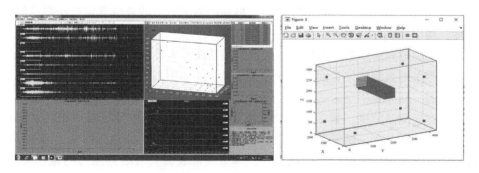

图 4-20   声发射采集分析软件界面

4. 数字散斑图像采集系统

数字散斑图像采集系统由高清数码相机、遥控器、光源、后处理软件等构成，如图 4-21 所示。

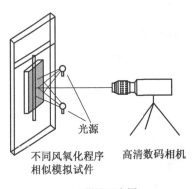

光源

不同风氧化程序   高清数码相机
相似模拟试件

(a) 设计示意图   (b) 实物照片

图 4-21　数字散斑图像采集系统

数字散斑基本流程：在试件或物体表面制作人工散斑场，采集试件表面变形前的散斑图像，存入计算机形成数据文件，加载，采集试件表面变形后的散斑图像，存入计算机形成数据文件。

数字散斑相关搜索算法的选择直接影响运算的效率和精度。为满足精度和效率的要求，经过 30 多年的发展，数字散斑相关搜索算法不断改进完善，我们在进行计算时需要确定出目标子区的大致位置，然后逐步进行精确定位。

整像素搜索法主要包括粗细搜索法、"十"字搜索法、爬山搜索法以及邻近域搜索法。本次实验搜索定位采用的是邻近域搜索法，应用数字散斑相关方法先对数码相机采集的图片进行灰度处理，再利用插值拟合的亚像素定位法提高测量精度，得出风氧化巷道模型全场应变信息。

在实验过程中，数字散斑技术图形采集系统需要确保光源的稳定，以降低因频闪而带来的被测物体表面光强变化。本次实验采用自然光以及高频率摄影灯具作为光源，其光强不受时间影响，确保了光源稳定。

为提高测量精度，数字散斑技术图形采集系统要求拍摄过程中相机必须固定，不受外界干扰。试验采用铝合金三脚支架固定数码相机，三脚架上部安装水准仪，以保证摄像机保持水平机位，三脚架底部装备具有缓冲能力的橡胶支垫，防止因人员走动或机械震动而产生晃动。

试验使用 2420 万像素高精度数码相机，放置在相似模型正前方位置并使模型试件充满整机屏幕，对模型定焦，使用遥控器远程连续拍照，以获得整个加载过程中相似模型变形渐进破坏全程图像，并保证拍摄画面的清晰度，亮度均衡。

4.2.3　试验平台操作步骤

（1）根据所模拟含水层位置、层厚、岩性等地质资料，采用鹅卵石、白色石英砂、石膏等预制含水层内核，并在其周围刷涂石蜡外圈隔水层。

（2）根据相似配比，用电子秤称量所需重量的相似材料，将其装入容器中，加水搅拌混合均匀，将混合好的材料快速放入风氧化巷道围岩相似模型的制作模具内，捣实。

（3）当浇筑到设计监测压力点时，预埋压力传感器，压力传感器布置在待开挖巷道顶底板、两帮特定位置中，共布置2组，每组4个，第1组距离巷道轮廓线20 mm，第2组距离巷道轮廓线50 mm；继续铺设相似模拟材料，直至铺设至含水层位置，将预制好的含水层放入特定层位，并预埋孔隙水压力传感器；继续正常铺设相似模拟材料，直至铺设至设计高度，完成模型铺设。

（4）在模型养护达到预定时间、模型强度达到设计要求时即可卸掉模具部件，将相似模型取出，轻稳放置到提前组装完毕的电液伺服压力机加载框体内，并调整模型方位，确保顶板及两侧面声发射传感器接触口位于恰当位置，调节上下压板间的距离，启动电液伺服压力机，使上压头刚刚接触上压板为止。

（5）在待开挖巷道顶底板、两帮特定位置处安装围岩应变传感器、电阻位移计、粘贴应变片等，连同预埋的压力传感器、孔隙水压力传感器的数据线经出线槽引出至外部静态应变仪上，与电脑相连，设置静态应变仪数据采样周期和频率，实时监测巷道开挖过程中风氧化岩体内应力应变数据。

（6）合理准确放置声发射传感器，连接好声发射信号放大器和各个传感器接头，设置声发射传感器的各个通道参数。

（7）启动所有设备和软件，进行初步调试和检查，必须确保线路连接正确，仪器运行正常，存储空间足够。

（8）各类监测仪器检查无误后，启动电液伺服压力机，同时启动声发射数据采集系统、静态应变仪数据采集系统和数字散斑高清数码相机自动拍照图形采集系统，同步存储实验数据。在加载过程中，由电液伺服压力机对风氧化相似模型进行单轴压缩实验，其获得的压力应变数据导入计算机存储。

（9）试件加载全过程，使用遥控器远距离操控数码相机对模型试件进行定时定焦拍照，以便使用数字散斑后处理软件进行模型巷道位移场分析。

（10）在模型试样破裂后，保存实验数据，停止电液伺服压力机和各类监测仪器，打扫试验场所，以待下一组试验使用。

4.3 试验原型与准备

4.3.1 地质概况

以中煤平朔井工三矿风氧化巷道为原型,该矿 39107 工作面所采 9 号煤厚度为 11.03~13.80 m,埋深为 154.7~193.9 m。39107 辅运巷沿 9 号煤顶板掘进,巷道宽度为 5.0 m,高度为 3.5 m,巷道上覆顶板为灰色、黑色泥岩,局部为高岭土泥岩,含薄层夹矸 3~5 层。在掘进过程中出现规模不等的三次局部冒顶均由于风氧化顶板软弱破碎失稳突变所致,所幸未造成人员伤亡,最大冒顶尺寸为 11 m×5 m×10 m(长×宽×高),锚杆(索)及其构件损毁失效,后改为架棚与锚网索联合支护,顶板下沉严重地段依然出现 U 形钢梁下沉弯曲等现象。因此,39107 辅运巷属于典型的风氧化顶板突变垮冒致灾型巷道。

为切实保障此类巷道掘进施工安全,采用自主研制的风氧化巷道变形破坏相似模拟试验平台,开展风氧化巷道围岩变形失稳垮冒物理模拟,对不同风氧化程度围岩破坏宏观特征的差异性进行研究。为掌握井工三矿风氧化巷道围岩的物理力学参数,进行了岩样的现场采取和室内测试工作,见表 4-4。

表 4-4 原型煤岩(层)的物理力学参数

序号	岩石名称	容重/(kN·m⁻³)	抗压强度/MPa	泊松比	内聚力/MPa	内摩擦角/(°)
1	泥岩	10.8	10.5	0.20	0.92	29
2	砂质泥岩	16.4	17.8	0.28	1.38	34
3	中砂岩	21.6	27.1	0.28	2.27	31
4	细砂岩	21.2	24.0	0.26	1.93	31
5	粉砂岩	22.0	22.5	0.25	1.30	35
6	砂质泥岩	13.0	12.0	0.25	0.83	24
7	泥岩	10.8	14.5	0.20	0.92	29
8	9 号煤	7.6	7.5	0.27	0.72	20
9	泥岩	11.8	11.3	0.20	0.94	29
10	泥质砂岩	16.6	15.1	0.28	2.27	31
11	泥岩	11.8	11.3	0.20	0.94	29

4.3.2 试验准备

(1)确定相似常数。将实验平台尺寸与实际巷道顶底板厚度相比较,不考虑岩土体蠕变性质,仅从地质力学角度和渗流角度使用相同的时间比尺,比照无量纲乘积，模型与原型在几何尺寸、时间、应力等方面是相似的。实验模型几何相似比为100，容重相似比为1.5，渗透系数相似比为10，应力相似比为150，时间相似比为10。依据中煤平朔井工三矿39107辅运巷矩形巷道，真实宽度为5.0 m、高度为3.5 m，确定模型巷道宽度为50 mm、高度为35 mm。

（2）不同风氧化程度巷道模型预制。本次实验共制作强风氧化、中等风氧化、弱风氧化三类巷道模型，每类模型包括有顶板含水层、无顶板含水层两种。上述6个不同风氧化程度巷道模型的预制过程如图4-22所示。

(a) 模具　　　　　　　(b) 预埋压力传感器　　　　(c) 模型预制完毕

(d) 数字散斑描点　　　(e) 巷道模型放入电液伺服压力机加载框体

图4-22　不同风氧化程度巷道模型预制过程

风氧化巷道模型预制过程：①根据所模拟矿井风氧化巷道地质资料，依据相似理论，确定风氧化相似模拟实验配比及所需相似材料重量，按照不同风氧化程度配比方案，在模具装置内进行模型铺设；②根据所模拟的含水层位置、层厚、岩性等地质资料，采用鹅卵石、细沙、白色石英砂及石膏等预制含水层内核，并在其周围刷涂石蜡及外圈隔水层；③将预制好的含水层放入特定层位，并在待开挖巷道及其顶底板特定位置处预埋压力传感器、孔隙水压力传感器等；④继续正常铺设相似模拟材料，直至铺设至设计高度，完成模型铺设；⑤待自然条件晾干后，卸掉模具，将模型取出放置到组装完毕的电液伺服压力机加载框体内。

（3）模拟装置组装及数据采集系统调试。将提前加工完成的加载框体与声发射传感器固定装置、气液联动注水装置，按设计要求与电液伺服压力机进行匹配组装。调试声发射探测系统、静态应变仪数据采集系统和数字散斑图形采集系统，确保数据采集各传感器工作正常，即可准备模型正式加载。

（4）模型加载与开挖。启动电液伺服压力机进行风氧化巷道模型加载。按照从前到后的巷道开挖顺序进行分步开挖，每次开挖进尺 5 cm，分 4 步开挖完毕，巷道总开挖进尺 20 cm。

（5）数据采集与后处理。模型开挖过程中，数码相机每隔 20 s 自动拍照采集数字散斑图像，声发射探测系统和静态应变仪数据采集系统连续采集、同步存储实验数据。

4.4 流固耦合数值模拟

本章 4.1 节研究确定了不同风氧化程度相似配比，4.2 节和 4.3 节阐明了风氧化富水巷道围岩变形破坏相似模拟实验平台的研制过程，但是作为风氧化富水巷道围岩失稳垮冒演化过程的研究内容，仍然存在不足，考虑到物理模拟无法精准表征岩体完整性劣化及强度参数弱化效应，因此，本节采用 FLAC³ᴰ 嵌入渗透率与体应变增量耦合动态模型，进行顶板含水层条件下不同风氧化程度巷道围岩变形失稳流固耦合数值模拟，分析了不同风氧化程度巷道围岩位移场、应力场、渗流场时空演化特征。

4.4.1 FLAC 流固耦合模型

FLAC³ᴰ 可以模拟岩石、土体等多孔介质中的流固耦合作用，即多孔介质应力场的改变直接影响多孔介质体积应变进而影响其渗透系数，从而影响到多孔介质渗流场；同样，渗流场中孔隙水压力通过影响多孔介质有效应力的大小进而影响多孔介质应力场的分布。

岩石中裂隙为流体运移的主要通道，孔隙主要起储水作用，对于该类型模拟主要有两种方法：①等效连续介质模型，将裂隙介质与孔隙介质的参数做等效化，网格剖分也与多孔介质相同；②离散裂隙网络模型，将模型中的裂隙离散出来，更加注重考虑每条裂隙对流场、应力场的影响，相比等效孔隙介质模型模拟效果更加精细，但计算量与时间更加庞大。FLAC³ᴰ 在模拟岩体流固耦合机理时采用的等效连续介质模型，将岩体视为多孔介质，即将岩石中的裂隙、孔隙均等效为孔隙。岩体孔隙介质中的流体满足达西定律，同时要满足下列方程。

1. 连续方程

基于小变形假设前提下，流体质点满足：

$$\frac{\partial \zeta}{\partial t} + q_{i,j} = q_v \quad\quad (4-1)$$

式中，$q_{i,j}$ 为流体渗流速度；q_v 为单位体积流体的源强度；ζ 为岩体中单位体积孔隙介质的流体的体积变化量，且 ζ 满足：

$$\frac{\partial \zeta}{\partial t} + \beta \frac{\partial T}{\partial t} = \frac{1}{M} \frac{\partial p}{\partial t} + \alpha \frac{\partial \varepsilon}{\partial t} \quad\quad (4-2)$$

式中，p 为孔隙水压力；α 为 Biot 系数；ε 为体积应变；M 为 Biot 模量；T 为温度；β 为热膨胀系数。

联立式（4-1）与式（4-2），得

$$\frac{1}{M} \frac{\partial p}{\partial t} + q_{i,j} = Q \quad\quad (4-3)$$

其中 $Q = q_v - \alpha \dfrac{\partial \varepsilon}{\partial t} + \beta \dfrac{\partial T}{\partial t}$。

2. Darcy 定律

饱和多孔介质中流体满足达西（Darcy）定律，在流体、固体均为均质、各向同性的前提下并且忽略温度对密度的影响，Darcy 定律以下式描述：

$$q_i = -k(p - \rho_{flu} x_j g_i) \quad\quad (4-4)$$

式中，k 为渗透系数；ρ_{flu} 为流体密度；g_i 为重力加速度在 x、y、z 三个方向的分量。

3. 本构方程

由应力变化而引起的体积应变的改变将引起孔隙水压力的改变，反过来，孔隙水压力的改变将引起骨架有效应力的改变，进而引起体积应变的改变。则岩体的本构方程可表示为

$$\Delta \sigma_{ij} + \alpha \Delta p \delta_{ij} = H_{ij}(\sigma_{ij}, \Delta \varepsilon_{ij}) \quad\quad (4-5)$$

式中，$\Delta \sigma_{ij}$ 为应力增量；H_{ij} 为给定函数；ε_{ij} 为总应变。

4. 响应方程

岩体孔隙中的流体储量会随着孔隙水压力、饱和度和体积应变的变化而变化。因此流体的响应方程可表示为

$$\frac{1}{M} \frac{\partial p}{\partial t} + \frac{n}{s} \frac{\partial s}{\partial t} = \frac{1}{s} \frac{\partial \zeta}{\partial t} - \alpha \frac{\partial \varepsilon_v}{\partial t} \quad\quad (4-6)$$

5. 相容方程

速度梯度与应变率间的关系可表示为

$$\varepsilon_{ij} = \frac{1}{2}(v_{i,j} + v_{j,i}) \quad\quad (4-7)$$

式中，v 为多孔介质中某一点的速度。

FLAC^{3D} 利用虚功原理，通过运动方程求解节点不平衡力，再求解节点速率，进而由本构方程求出应变增量，由应变增量求解应力增量。

4.4.2 风氧化富水巷道流固耦合数值建模

根据本章 4.3 节中煤平朔井工三矿 39107 辅运巷实际工程地质条件，建立风氧化富水巷道三维流固耦合数值计算模型，如图 4-23 所示。

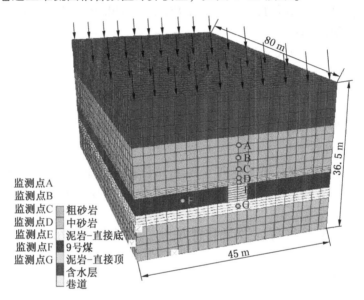

图 4-23 风氧化富水巷道三维流固耦合数值计算模型

图 4-23 中，巷道掘进开挖方向沿 Y 轴方向，长度为 80 m，巷道左右两侧水平宽度各为 20 m。本模型采用分布开挖法，从 Y 轴方向 20 m 处开始开挖，每步开挖 4 m，共开挖 10 步，共计沿 Y 方向开挖 40 m。含水层底部初始水压为 0.5 MPa，并沿 Z 轴梯度减小，含水层顶部水压大小为 0.4 MPa，并加载有上覆岩层压力 2.5 MPa，模型底面与前后左右 5 个面均为位移约束。

如图 4-23 所示，沿 X-Z 平面设置 7 个监测点：A（22.5，Y_A，25.5），B（22.5，Y_B，23），C（22.5，Y_C，20.5），D（22.5，Y_D，18），E（22.5，Y_E，16），F（10，Y_F，13），G（22.5，Y_G，9.65），以获取各监测点位移、垂直应力、剪应力与体积应变增量。

为研究不同风氧化程度巷道顶板破坏渗流特征，依据第 2 章提出的"岩体风氧化程度综合指数"和第 3 章强度参数梯度衰减规律，给出强、中等、弱三种风氧化程度巷道顶底板各岩层物理力学参数，见表4-5~表4-7。

表4-5　弱风氧化程度巷道顶底板岩石物理力学参数

岩性	厚度/m	密度/(kg·m⁻³)	体积模量/GPa	剪切模量/GPa	抗拉强/MPa	黏聚力/MPa	内摩擦角/(°)	渗透系数/(m·s⁻¹)	孔隙率
含水层	10	2645	3.93	2	2.5	4.5	40	$5×10^{-10}$	0.30
粗砂岩	10	2742	2.78	2.63	1.35	3.9	41	$3×10^{-13}$	0.10
泥岩	1.5	2640	2.83	1.56	0.54	2.72	30	$5.2×10^{-14}$	0.05
9号煤	11.2	1400	1.46	1.21	0.09	1.21	25	$1×10^{-12}$	0.15
泥岩	2.7	2600	1.84	1.15	0.95	2.86	26	$6×10^{-14}$	0.09
中砂岩	2.3	2637	2.21	2.17	1.16	2.87	37	$2.1×10^{-13}$	0.12
粗砂岩	6	2742	2.78	2.63	1.35	3.9	41	$3×10^{-13}$	0.1

表4-6　中等风氧化程度巷道顶底板岩石物理力学参数

岩性	厚度/m	密度/(kg·m⁻³)	体积模量/GPa	剪切模量/GPa	抗拉强/MPa	黏聚力/MPa	内摩擦角/(°)	渗透系数/(m·s⁻¹)	孔隙率
含水层	10	2586	2.04	0.98	1.37	2.97	36	$7.6×10^{-10}$	0.39
粗砂岩	10	2703	1.45	1.70	0.94	2.80	38	$4.9×10^{-13}$	0.18
泥岩	1.5	2540	1.70	0.85	0.45	1.92	24	$8.3×10^{-14}$	0.11
9号煤	11.2	1356	0.75	0.78	0.046	0.79	21	$1.4×10^{-12}$	0.16
泥岩	2.7	2581	1.21	0.83	0.49	1.68	22	$8.8×10^{-14}$	0.12
中砂岩	2.3	2577	1.43	1.34	0.62	1.60	32	$3.1×10^{-13}$	0.15
粗砂岩	6	2652	1.75	1.65	0.70	2.30	37	$4.4×10^{-13}$	0.19

表4-7　强风氧化程度巷道顶底板岩石物理力学参数

岩性	厚度/m	密度/(kg·m⁻³)	体积模量/GPa	剪切模量/GPa	抗拉强/MPa	黏聚力/MPa	内摩擦角/(°)	渗透系数/(m·s⁻¹)	孔隙率
含水层	10	2425	0.43	0.18	0.37	0.58	31	$9.8×10^{-10}$	0.41
粗砂岩	10	2624	0.33	0.47	0.11	0.54	34	$6.8×10^{-13}$	0.21
泥岩	1.5	2420	0.53	0.26	0.12	0.29	20	$1.3×10^{-13}$	0.16
9号煤	11.2	1302	0.27	0.18	0.02	0.23	19	$2.2×10^{-12}$	0.18
泥岩	2.7	2491	0.23	0.09	0.18	0.65	19	$1.1×10^{-13}$	0.18

表4-7(续)

岩性	厚度/m	密度/ (kg·m⁻³)	体积模 量/GPa	剪切模 量/GPa	抗拉强/ MPa	黏聚力/ MPa	内摩擦 角/(°)	渗透系数/ (m·s⁻¹)	孔隙率
中砂岩	2.3	2489	0.26	0.25	0.17	0.69	28	$4.1×10^{-13}$	0.19
粗砂岩	6	2602	0.33	0.52	0.24	1.17	35	$5.7×10^{-13}$	0.25

本节给出随巷道开挖过程中垂直位移、垂直应力、剪应力及孔隙水压力云图及各监测点对应曲线图。由于仅仅在巷道顶板上方赋存含水层，所以只监测 A、B、C、D、E 5 个点的渗流特征，渗透系数根据式（4-8）计算：

$$K = k_0 × \left(\frac{1 + \Delta \varepsilon}{n} \right)^2 \qquad (4-8)$$

式中，k_0 为巷道岩体的初始渗透系数；n 为巷道岩体孔隙度；$\Delta \varepsilon$ 为巷道岩体体应变增量。

水力学中的渗透系数单位与 FLAC³ᴰ 中的渗透系数单位不同，其换算关系为 $1\ m^2/(Pa·s) = 1.02 × 10^{-6}\ cm/s$，根据此公式建立渗透率耦合动态模型并通过 Fish 语言进行二次开发，嵌入到本数值模拟当中，实现不同风氧化程度巷道岩体在开挖影响下渗透率与岩体变形同步变化。

4.5 模拟结果综合分析

4.5.1 不同风氧化程度巷道顶板变形破坏演化过程

本节重点分析不同风氧化程度巷道模型的承载能力、破坏形式等，宏观角度对比研究不同风氧化程度巷道相似模型变形破坏特征规律。

1. 应力-应变曲线表征的顶板变形破坏特征

电液伺服压力机垂向加载方式有力控制和位移控制两种，本实验采用位移控制方式，速率为 0.01 mm/s。不同风氧化程度巷道模型加载应力-应变曲线如图4-24所示。

由图 4-24 可知，不同风氧化程度巷道模型试件在承载能力、破坏形式等方面均表现出显著差异性：强风氧化巷道模型的平均抗压强度、弹性模量、变形模量分别是弱风氧化巷道模型的 58.7%、21.4%、36.8%；强风氧化巷道模型具有明显的应力跌落，呈现斜面剪切破坏，剪切带内块状破碎，而弱风氧化巷道模型破坏方式以拉伸破坏为主，塌落迹象不明显。

2. 顶板位移表征的变形破坏特征

随着巷道开挖向前推进，距离顶板变形监测点不同距离时的变形量监测结果如图 4-25 所示。

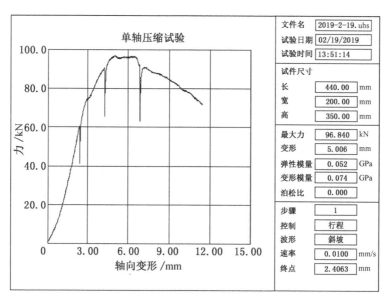

(a) 强风氧化巷道轴向位移－力曲线

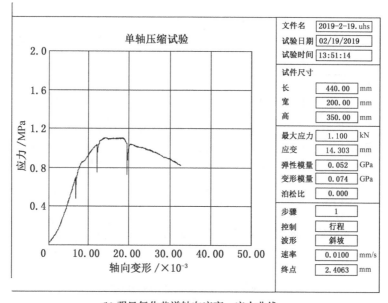

(b) 强风氧化巷道轴向应变－应力曲线

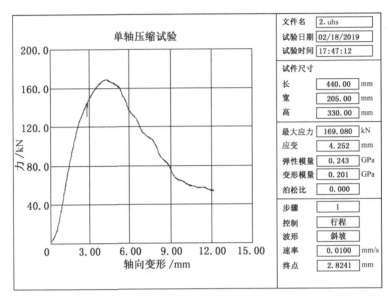

(c) 弱风氧化巷道轴向位移－力曲线

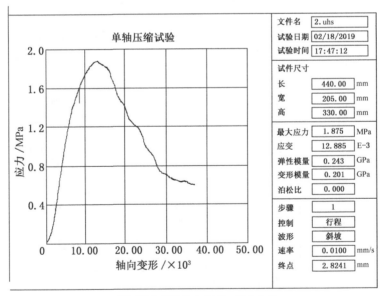

(d) 弱风氧化巷道轴向位移－应力曲线

图 4-24　不同风氧化程度巷道模型加载应力-应变曲线

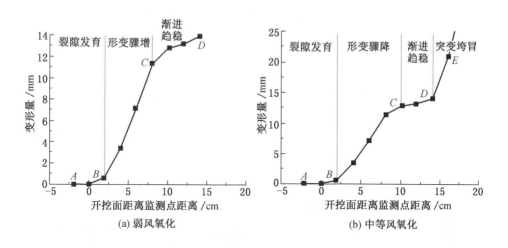

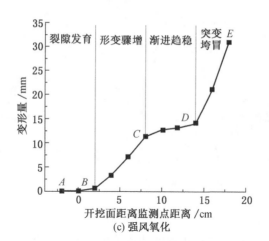

图 4-25　不同风氧化程度巷道顶板变形破坏演化过程

1）弱风氧化程度巷道顶板变形破坏演化过程

阶段 1：裂隙发育阶段（AB 段）。巷道初始开挖向前推进，在有限的掘进扰动影响下，巷道顶板仅表现为原有裂隙压密、新裂纹发育、渐进扩展。当巷道开挖 5 cm、实验进行 1 min 时，数字散斑图形采集系统首次监测到巷道顶板微小变形量 0.14 mm。

阶段 2：形变骤增阶段（BC 段）。风氧化巷道顶板经历裂隙发育和扩展后，模型内部应力作用加剧，变形量值急剧增大，当巷道开挖 15 cm、实验进行 21 min时，数字散斑图形采集系统监测到巷道顶板变形量增大至 0.649 mm。

阶段3：渐进趋稳阶段（CD段）。随巷道继续向前开挖，逐渐远离监测点，监测点处顶板变形急剧增大的趋势未能继续保持，而是逐渐变缓，变形量不再快速增大，进入相对稳定平缓阶段。变形量由0.649 mm（巷道开挖15 cm、实验21 min）仅增大至0.689 mm（巷道开挖20 cm、实验28 min）。主要原因是：弱风氧化巷道顶板岩体强度受风氧化弱化效应不显著，自身承载能力较强，虽然经历变形急剧扩展阶段，但顶板弱风氧化的砂岩岩体在一定程度上减缓顶板变形，导致顶板变形量增速变缓，进入渐进趋稳阶段，整个变形过程均处于分步积累可控范畴。

渐变趋稳型弱风氧化巷道顶板变形破坏演化过程如图4-26所示。

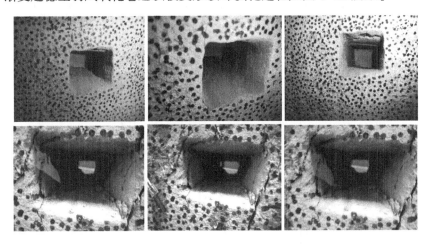

图4-26　弱风氧化巷道顶板变形演化过程（渐变趋稳型）

2）中等、强风氧化程度巷道顶板变形破坏演化过程

中等风氧化程度和强风氧化程度巷道顶板变形破坏演化过程经历上述三个阶段后并没有趋于稳定，而是继续经历突变垮冒阶段。

阶段4：突变垮冒阶段（DE段）。随着巷道开挖继续推进，中等和强风氧化程度巷道顶板岩体经历可控分步积累后进入突变激增状态，导致风氧化顶板失去自承载能力，发生大变形突变垮冒事故。破坏特征如图4-27所示。

3. 数字散斑及数值模拟监测数据表征的巷道顶板变形破坏特征

不同风氧化程度巷道围岩数字散斑位移云图及顶板监测点位移数据图，如图4-28、图4-29所示。当巷道开挖20 cm、实验进行35 min时，数字散斑图形采集系统监测到巷道顶板变形量激增至2.14 mm，巷道顶板发生大变形突变垮冒事故。

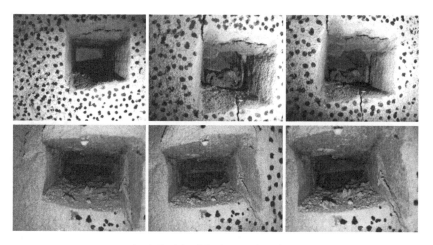

图 4-27　强风氧化巷道变形失稳宏观破坏特征（突变致灾型）

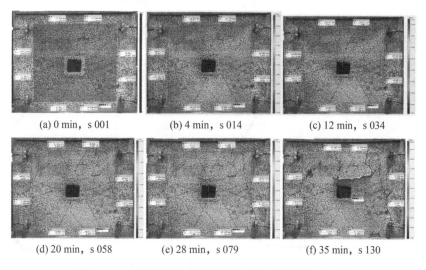

(a) 0 min，s 001　　　　(b) 4 min，s 014　　　　(c) 12 min，s 034

(d) 20 min，s 058　　　　(e) 28 min，s 079　　　　(f) 35 min，s 130

图 4-28　不同风氧化程度巷道围岩数字散斑位移云图

　　监测结果如图 4-29 所示，随风氧化程度增加，位移影响范围越大，顶板处监测点 E 的垂直位移随之增大，这主要由于风氧化程度越大，巷道顶板岩体愈加破碎松散，弹性模量越小，顶板受上覆岩层压力及开挖作用下垂直位移越大。

　　数值模拟监测结果亦揭示了不同风氧化程度巷道顶板变形趋势（图 4-30）。由图 4-30 可知：

　　（1）随着掘进开挖工作面的推进，巷道出现了底鼓与顶板下沉，并且位于

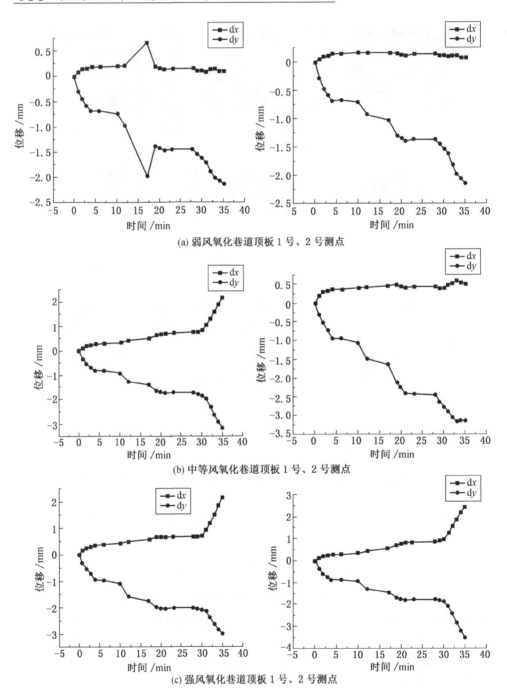

(a) 弱风氧化巷道顶板 1 号、2 号测点

(b) 中等风氧化巷道顶板 1 号、2 号测点

(c) 强风氧化巷道顶板 1 号、2 号测点

图 4-29　不同风氧化程度巷道顶板变形数字散斑监测结果

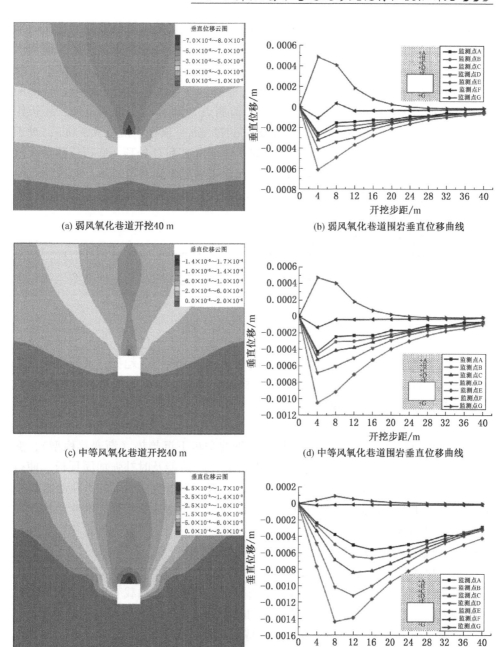

(a) 弱风氧化巷道开挖40 m

(b) 弱风氧化巷道围岩垂直位移曲线

(c) 中等风氧化巷道开挖40 m

(d) 中等风氧化巷道围岩垂直位移曲线

(e) 强风氧化巷道开挖40 m

(f) 强风氧化巷道围岩垂直位移曲线

图4-30　不同风氧化程度巷道围岩垂直位移云图

巷道正中垂直上方与下方处最先受到影响，位移变化影响区域范围随掘进面的推进而增大；对于弱风氧化和中等风氧化程度巷道岩体，各监测点位移最大值均出现在掘进面推进初期 4 m 时。

（2）随着掘进面的继续推进，各测点垂直位移收敛率均随之减小，其中弱风氧化巷道岩体各监测点位移最大值位于监测点 E 和 G 处，即巷道顶、底板轮廓线处，分别达到位移最大值，即底鼓 0.6072 mm、顶板下沉 0.489 mm；对于中等风氧化巷道岩体，掘进面推进 4 m 时，监测点 E 和 G 处顶、底板位移最大值为底鼓 1.05 mm、顶板下沉 0.4233 mm；而对于强风氧化巷道岩体，各监测点位移达到最大值时是位于掘进面推进 8~12 m 处，监测点 E 和 G 位移分别为：底鼓 7.64 mm、顶板下沉 0.4738 mm。

4.5.2 风氧化巷道顶板类型划分

综合相似模拟数字散斑图形采集分析结果、声发射监测结果和数值模拟监测结果，可将风氧化巷道顶板划分为突变致灾型风氧化顶板和渐变趋稳型风氧化顶板两类。

1. 突变致灾型风氧化顶板

当顶板变形发育至拐点时，在现有风氧化巷道围岩条件下，如果不采取及时的补强加固措施，承载结构不足以抵抗风氧化软弱顶板下沉趋势，顶板将突变式急增扩展（经历 DE 阶段），直至诱发失稳垮冒事故。该类型的顶板称为突变致灾型风氧化顶板（图 4-31a）。

2. 渐变趋稳型风氧化顶板

当支护设计科学合理，承载结构足以抵抗顶板下沉趋势（渐变趋稳型），变形发育至拐点时，在现有风氧化巷道围岩条件下，若能及时补强加固顶板，使得承载结构能够抵抗风氧化顶板层下沉趋势，顶板变形值突变激增的潜在动能被补强加固体承担，围岩将不会经历突变垮冒阶段。该类型的顶板称为渐变趋稳型风氧化顶板（图 4-31b）。

4.5.3 风氧化巷道模型加载全过程声发射特征分析

基于风氧化巷道模型变形失稳过程中声发射信号数据，提取声发射信号能量、振铃计数、撞击数等特征参数，分析风氧化巷道模型加载变形失稳的声发射伴生现象，以此反映模型内部裂纹扩展的时空分布状态。

1. 三种风氧化巷道模型声发射信号特征参数对比

1）声发射信号能量特征

图 4-32 为三种风氧化巷道模型声发射信号能量参数值。声发射信号能量参数值越大，表明其对应的岩石破裂事件强度越高。强、中等、弱风氧化三种类型

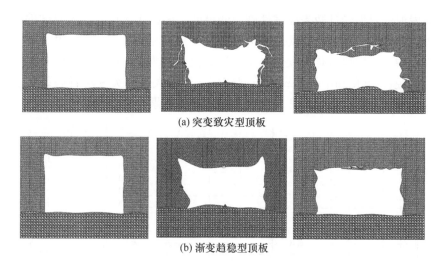

(a) 突变致灾型顶板

(b) 渐变趋稳型顶板

图 4-31 风氧化顶板类型示意图

声发信号能量参数值分别为 8.85×10^4 mV、1.24×10^4 mV 和 5.85×10^3 mV，其中强风氧化和中等风氧化试件声发射信号能量值均明显大于弱风氧化试件声发射信号能量值。表明强风氧化和中等风氧化试件属于高强度的失稳垮冒破裂类型，弱风氧化试件声发射信号则代表低强度的可控梯度累计渐进趋稳类型。

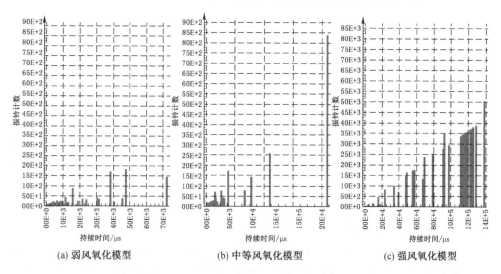

(a) 弱风氧化模型

(b) 中等风氧化模型

(c) 强风氧化模型

图 4-32 不同风氧化巷道模型声发射信号能量值

2) 声发射信号振铃计数特征

声发射信号振铃计数表征试件破裂的尺度，振铃计数越大，表明试件破裂尺度越大。图 4-33 为三种风氧化巷道模型声发射信号振铃计数值。由图 4-33 可知，强、中等、弱风氧化声发信号振铃计数值分别为 $5.1×10^4$、$8.4×10^3$ 和 $1.8×10^3$。表明强风氧化和中等风氧化模型破坏属于较大尺度突变垮冒破裂类型，而弱风氧化模型声发射信号表征尺度较小的可控梯度累计渐进趋稳类型。

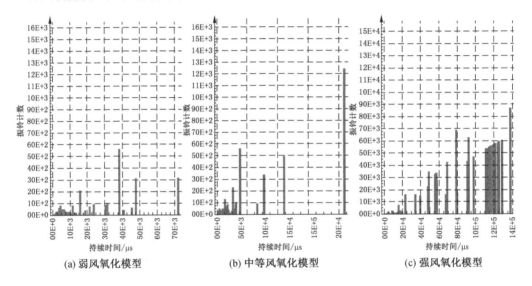

(a) 弱风氧化模型   (b) 中等风氧化模型   (c) 强风氧化模型

图 4-33　不同风氧化巷道模型声发射信号振铃计数值

3）声发射信号撞击数特征

图 4-34 为三种风氧化程度巷道模型声发射信号撞击数分布。撞击数反映声发射活动的总量和频度。结合三种风氧化巷道围岩声发射信号撞击数特征，由图 4-34 可知，强、中等、弱风氧化声发信号撞击数分别为 $1.82×10^4$、$7.85×10^3$ 和 $7.25×10^3$。表明弱风氧化围岩声发射撞击数最少，弱风氧化围岩变形演化渐进趋稳。强风氧化围岩声发射信号撞击数高达 $1.82×10^4$，说明强风氧化围岩变形破坏为突变失稳型。

综上所述，强风氧化巷道围岩声发射信号具有高振铃计数、高撞击数的特征，表征大尺度裂纹陡增失控扩展，突变垮冒；中等风氧化巷道围岩声发射信号具有较高振铃计数、较高撞击数的特征，表征内部大尺度裂纹增速扩展，突变失稳；弱风氧化巷道围岩声发射信号具有低振铃计数、低撞击数的特征，表征内部小尺度裂纹梯度累积扩展，渐进趋稳。见表 4-8。

2. 声发射数据表征的不同风氧化巷道内部裂纹演化进程

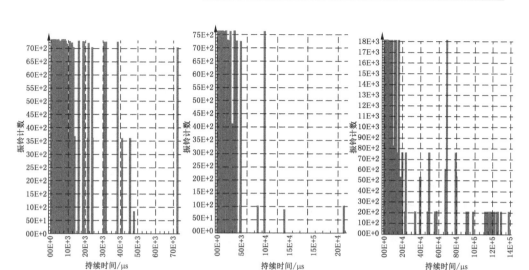

图4-34　不同风氧化巷道模型声发射信号撞击数特征值

表4-8　不同声发射信号特征参数及对应风氧化顶板类型

信号类型	声发射信号参数特征				风氧化顶板类型
	能量/mV	振铃计数	撞击数	参数特征	
低撞击数、低计数	$5.85×10^3$	$1.8×10^3$	$7.25×10^3$	小尺度裂纹累积扩展，渐进趋稳	弱风氧化
较高撞击数、较高计数	$1.24×10^4$	$8.4×10^3$	$7.85×10^3$	大尺度裂纹增速扩展，突变失稳	中等风氧化
高撞击数、高计数	$8.85×10^4$	$5.1×10^4$	$1.82×10^4$	大尺度裂纹陡增失控，突变垮冒	强风氧化

　　图4-35为根据声发射探测数据后处理得到的强风氧化和弱风氧化模型内部裂纹演化进程，可以看出不同风氧化模型的变形演化过程具有显著差异性。

　　(1) 强风氧化模型。初始阶段，在较小应力增量下发生较多裂纹闭合和声发射特征信号；继续加载，模型内部裂纹快速扩展，体积扩容，体应变增加；随着应力继续增大，裂纹加速开裂滑动，进入突变失稳阶段（声发射剧烈期）后，产生幅度大、计数频率高的声发射信号，当载荷达到峰值时，裂纹贯通形成宏观断裂面，导致强风氧化巷道顶板失稳垮冒。声发射监测数据也验证了强风氧化巷道围岩进入失稳垮冒阶段后，内部出现不同程度的裂纹开裂与贯通，受载时间较短，但能量集中，巷道顶板发生较大块体脱落，即裂纹完全贯通成为宏观破裂，模型试样发生失稳垮冒。

　　(2) 弱风氧化模型。弱风氧化巷道模型试件在初期轴向载荷作用下，内部

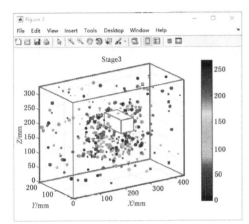
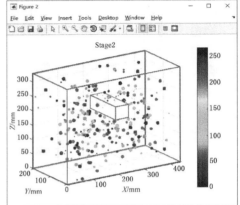

(a) 强风氧化巷道模型

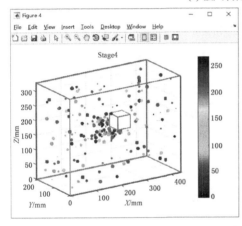
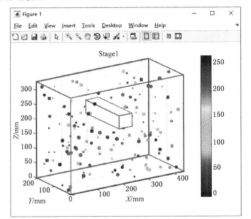

(b) 弱风氧化巷道模型

图 4-35　不同风氧化巷道模型声发射时空分布演化进程

应力集中现象较少，裂隙扩展总体相对缓慢，释放出少量声发射信号。即使开挖次生应力扰动导致裂纹发展，但相对于突变致灾型风氧化顶板的失稳垮冒过程，渐进趋稳型风氧化顶板声发射处于相对动态平衡阶段。

（3）随着压力机载荷增大，强风氧化模型试件内部微裂纹基本闭合，而弱风氧化模型试件微裂纹则需要更大的应力增量才能闭合，进而导致弱风氧化模型试件剪胀扩容趋势随应力的增速逐渐下降。

（4）强风氧化顶板有含水层的模型试件，其端部存在数量较多的声发射源，这是因为随风氧化程度的增加和顶板淋水弱化效应，试件内部裂纹不断加剧，微破裂不断增加，试件结构松散，受压时试件端面与加压板间摩擦阻力约束了试件横向变形，端部附近承受压应力作用被迅速压密。同时，巷道两帮产生拉应力，裂纹贯通拉裂，并伴有顶板及帮部碎片挤出。

为对比分析风氧化顶板模型不同变形阶段声发射参数差异性，绘制顶板变形演化各个阶段声发射振铃累计数与能量累计数柱状图，如图4-36所示。

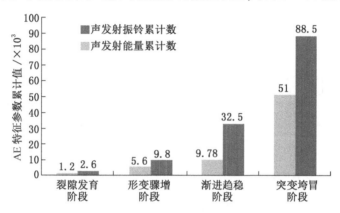

图4-36　风氧化顶板不同变形阶段声发射参数差异性

（1）在裂隙发育阶段，声发射振铃累计数为1.2×10^3，声发射能量累计数为2.6×10^3 mV；而渐进趋稳阶段，声发射振铃累计数仅达到9.78×10^3，增长幅度较小，声发射能量累计数仅增加至3.25×10^4 mV。累计数增长缓慢表征了弱风氧化模型内部破裂程度及裂纹的形成增长幅度较小，裂纹形成较慢，宏观破裂较少，这也表明了弱风氧化巷道顶板进入渐进趋稳阶段。

（2）随着失稳垮冒拐点临近，声发射特征参数累计数呈突变急速增长，声发射振铃累计数高达5.1×10^4，声发射能量累计数急增至8.85×10^4 mV。由此可见，强风氧化巷道模型内部变形进入拐点后裂纹贯通，引起宏观失稳垮冒。

4.5.4　风氧化围岩纵切面应力与应变特征

巷道围岩的变形破坏是应力与应变由量变到质变的宏观表现，因此从某一纵切面上应变的变化特征角度出发，有益于研究巷道围岩的宏观破坏特性。本节基于应力、应变监测系统获取数据，研究风氧化巷道顶（底）板、两帮及帮角不同方位处弯曲拉伸应变特征。

1. 传感器布置

在垂直模拟巷道轴线的纵切面上布置应变传感器，如图4-37所示，在该纵切面上选取距离矩形巷道顶（底）板、两帮20 mm、50 mm位置布置2个环向圈，在每个环向圈上以垂直于巷道轮廓线方向布置应变片（内圈 1 号、3 号、5 号、7 号，外圈 2 号、4 号、6 号、8 号），同时在矩形巷道对角线延长线上（矩形巷道帮角处）布置 4 个应变传感器测点（9 号、10 号、11 号、12 号），如图 4-37 所示。

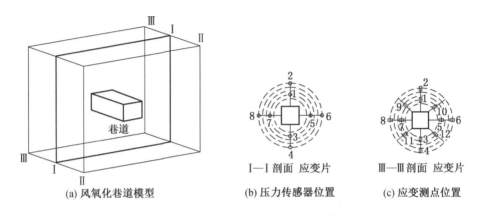

(a) 风氧化巷道模型　　(b) 压力传感器位置　　(c) 应变测点位置

图 4-37　压力及应变传感器布置位置示意图

2. 巷道顶、底板应力与应变测试结果

随着加载应力变化，巷道顶、底板不同位置处应力、应变时间曲线如图 4-38～图 4-40 所示。由图 4-38～图 4-40 可以看出：

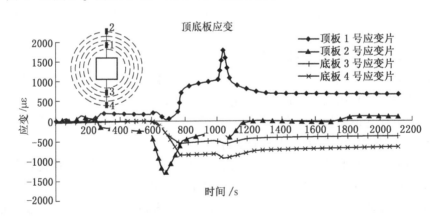

图 4-38　巷道顶、底板不同位置处应变-时间曲线

（1）巷道顶板 1 号应变测点数据波动较大，在第一个应力峰值后应变开始增长，且从第二个加载应力阶段开始（664 s），应变急剧增加，在 1037 s 时应变达

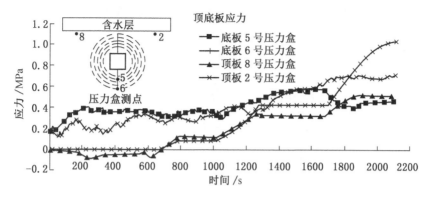

图 4-39　巷道顶、底板不同位置处应力-时间曲线

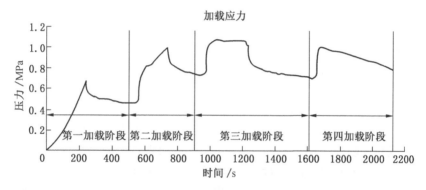

图 4-40　巷道围岩载荷-时间曲线

到峰值 1780，之后迅速降低至稳定值。顶板 2 号应变测点数据波动趋势不同于 1 号测点，在第一个加载应力阶段，应力达峰值后应变开始负增长，过了此阶段之后出现较大应变负增长，加载 678 s 出现负应变峰值-1350，然后应变开始增加至正应变，体现该位置先受压后受拉特性。

（2）巷道底板 3 号、4 号应变测点数据波动趋势基本相同，从 600 s 开始出现负增长，至 750 s 左右应变曲线基本变化不大，3 号测点较 4 号测点应变绝对值大，表明受压缩变形大。

（3）巷道底板 5 号、6 号两测点应力受加载影响持续增长，5 号测点应力终值为 0.45 MPa，6 号测点应力终值为 0.78 MPa。

3. 巷道两帮应力与应变测试结果

图 4-41 为巷道右帮（5 号、6 号）、左帮（7 号、8 号）测点应变曲线。由图 4-41 可知：右帮两测点（5 号、6 号）变化趋势相近，随加载过程呈现梯度

增长，5 号测点在加载 1015 s 后开始产生脉冲式波动，加载 1095 s 后，该测点应变达到峰值，之后降为负值，表明该测点位置岩体产生较大位移变化。巷道右帮 6 号测点较应变 5 号测点变化超前。离巷道左帮轮廓较近的应变 7 号测点数据波动较 8 号测点应变变化幅度大，应变 7 号测点数据在加载 1000~1200 s 后出现应变波动，较右帮滞后，最终两帮测点应变趋于一致。

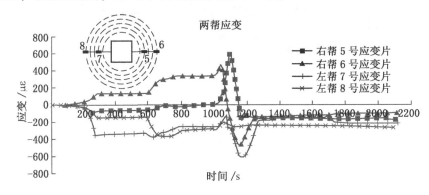

图 4-41　巷道两帮不同位置处应变-时间曲线

图 4-42 为巷道两帮测点的应力曲线。左帮（3 号、7 号测点）和右帮（1 号、4 号测点）压力数据变动趋势不同，3 号测点应力随加载时间逐渐增长，7 号测点应力在加载初期随加载应力波动，在加载 200 s 出现首个应力峰值（0.97 MPa），随后应力下降，在加载 900 s 以后应力增长，应力峰值为 1.2 MPa；1 号测点应力值变化幅度较大，在加载 600~1000 s 出现应力台阶，在加载后期也出现应力增长，表明该位置应力变化剧烈。加载初期，4 号测点应力变化不明显，加载 1030 s

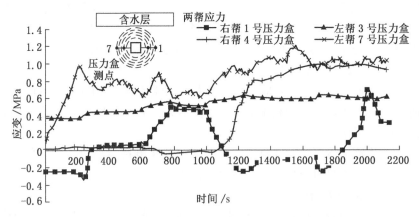

图 4-42　巷道两帮不同位置处应力-时间曲线

后应力值增加且陡升至 0.9 MPa，随后逐渐增大至稳定值 1.0 MPa 左右。

4. 巷道帮角应变测试结果

图 4-43 为巷道四角位置（9 号、10 号、11 号、12 号测点）应变曲线。由图 4-43 可知：

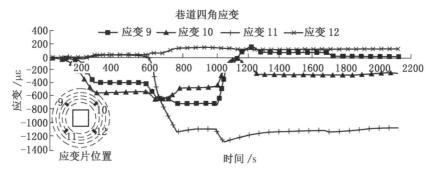

图 4-43 巷道帮角不同位置处应变-时间曲线

（1）矩形巷道四边角位置受集中应力影响较大，模型加载之后，左下角（应变 11）受压影响较大，加载至 600 s 以后压应变迅速增长，加载至 1059 s 出现压应变峰值，随后压应变缓慢减小，表明该点受压力影响明显。右下角变化幅度较小，随加载应变值缓慢增加，表明该点始终处于受拉状态且变化幅度不大。通过测点位置应变状态判断，最终在对角线方向上易产生拉伸破坏。

（2）巷道顶板位置处弯曲拉伸应变首先开始增大，且呈现快速增长趋势；矩形巷道对角线延长线上（矩形巷道帮角处）位置处应变通常变现为相对集中增长趋势，相对顶、底板位置处变化值较大；相比其他测点处，巷道两帮左右水平位置处应变变化幅度较大。

数值模拟监测结果亦揭示了不同风氧化程度巷道围岩压力变化趋势，如图 4-44 所示。由图 4-44 可知：

（1）弱风氧化程度和中等风氧化程度巷道岩体均在顶板和底板处出现卸压区，而在两帮处形成应力集中区，并且随着掘进面的推进，卸压区范围与应力集中区范围随之增大，卸压与应力集中效果愈加明显。

（2）以弱风氧化程度巷道岩体为例，当掘进面推进 8 m 时，顶、底板处的垂直应力比初始地应力低 1.5~1.6 MPa，卸压范围为 3.5~4.0 m。而两帮处垂直应力比初始地应力高 0.5~1.0 MPa，应力集中区范围较小，约为 0.5 m。随着掘进面推进至 16 m 时，巷道顶、底板处的垂直应力比初始地应力低 1.5~1.568 MPa，卸压范围为 4.5~5.0 m。而两帮处垂直应力比初始地应力高 0.97~1.0 MPa，应

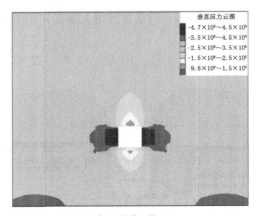

(a) 弱风氧化巷道开挖40 m

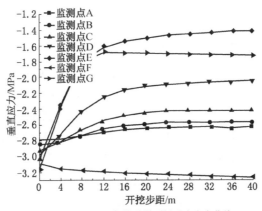

(b) 弱风氧化巷道顶板垂直应力曲线

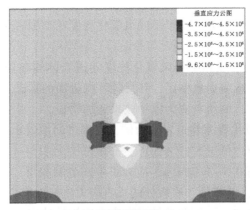

(c) 中等风氧化巷道开挖40 m

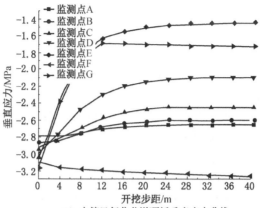

(d) 中等风氧化巷道顶板垂直应力曲线

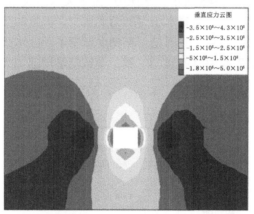

(e) 强风氧化巷道开挖40 m

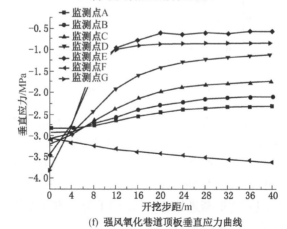

(f) 强风氧化巷道顶板垂直应力曲线

图 4-44 不同风氧化程度巷道顶板垂直应力云图

力集中区范围迅速扩大至 2~2.5 m。

（3）对于强风氧化程度巷道岩体来说，当掘进面推进 8 m 时，顶、底板与两帮处均形成卸压区域，而应力集中区域沿水平方向移至两帮深处，卸压区域垂直应力比初始地应力小 1.5~1.66 MPa，应力集中区域垂直应力比初始地应力高 0.69~1.5 MPa。并随着掘进面持续推进，卸压区范围与应力集中区范围随之增大，并且应力集中区域向巷道岩体 Z 轴负方向移动（垂直向下）。

4.5.5 不同风氧化程度巷道围岩应力场、位移场及渗流场对比

1. 含水层注水压力与巷道顶板孔隙水压力变化趋势的宏观一致性

试验开始时，调节气液联动调控装置中的平衡阀，按梯度渐变增大注水压力的方式，将压力水罐中的水不断注入风氧化巷道模型顶板含水层内。模拟含水层水压力加载曲线如图 4-45 所示，水压力-流量关系曲线如图 4-46 所示，水压力与流量并不呈线性关系，随着水压力的渐变增大，流量的变化率增大，单位时间内注入含水层的水量增加。原因是：在梯度渐变不断注水直至设计水压力值的过程中，含水层底部界面裂缝劈裂、扩展，导致流量增速加大。

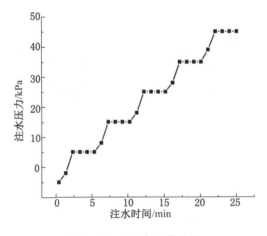

图 4-45 水压力加载曲线

利用预埋在含水层底部的水压监测传感器（型号为 SRK-2088，精度为 0.5 kPa），对应监测随巷道开挖其上覆含水层内水压力变化，从而得出不同掘进开挖阶段含水层水压力变化特征（图 4-47）：保持初始值（裂隙渐进发育，对应裂隙发育）、缓慢下降（裂隙逐渐贯通，水沿裂隙缓慢下渗扩散；经历多次掘进扰动，对应形变骤增阶段和变形渐进趋稳）、急剧下降至零（水沿裂隙快速急剧下渗扩散，对应巷道顶板突变失稳垮冒阶段）。

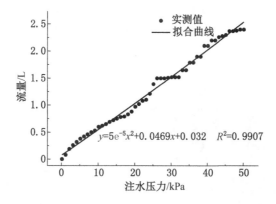

图 4-46 水压力-流量关系曲线

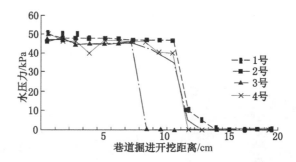

图 4-47 不同掘进开挖阶段水压力变化曲线

数值模拟监测结果揭示了不同风氧化程度巷道顶板孔隙水压力随开挖过程变化趋势，如图 4-48 所示。由图 4-48 可知：

（1）对于同一种风氧化程度巷道岩体，随着掘进面的推进，孔隙水压力影响范围随之增大，愈加靠近巷道断面。从各监测点的体积应变增量曲线可以看出，监测点位置越靠近巷道断面，体积应变增量值也就越大，即渗透率越大，因为本文前面所提到的嵌入到 FLAC 中的渗透率模型中渗透率大小是与体应变增量呈正相关关系，这表明风氧化程度越高，各监测点的最大体积应变增量值越大，孔隙水压力影响范围随之增大。

（2）弱风氧化程度，监测点 A、B、C、D、E 的体应变增量最大值分别为 2.551×10^{-6}、5.739×10^{-6}、1.203×10^{-5}、2.825×10^{-5}、7.839×10^{-5}；中等风氧化程度各监测点对应的体应变增量最大值分别为 4.347×10^{-6}、9.911×10^{-6}、2.101×10^{-5}、5.054×10^{-5}、1.538×10^{-4}；强风氧化程度各监测点对应的体应变增量最大

值分别为 1.002×10^{-4}、1.345×10^{-4}、2.695×10^{-4}、5.872×10^{-4}、1.4×10^{-3}。随着风氧化程度的增加，巷道岩体各点处的渗透率均随之增大。

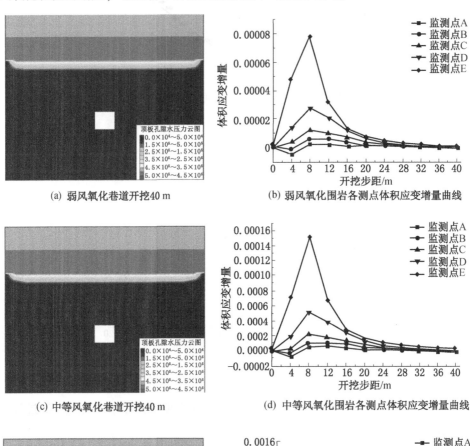

(a) 弱风氧化巷道开挖40 m   (b) 弱风氧化围岩各测点体积应变增量曲线

(c) 中等风氧化巷道开挖40 m   (d) 中等风氧化围岩各测点体积应变增量曲线

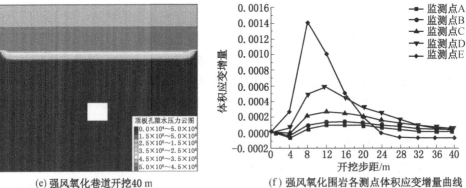

(e) 强风氧化巷道开挖40 m   (f) 强风氧化围岩各测点体积应变增量曲线

图 4-48　不同风氧化程度巷道顶板孔隙水压力随开挖过程演化云图

图 4-49、图 4-50 为不同上覆水压在巷道掘进 40 m 时水压分布云图及巷道顶板水下渗距离曲线。由图 4-49、图 4-50 可知：

（1）巷道掘进 40 m 时，随着上覆水压的增大，顶板水的下渗距离也随之增大。例如巷道掘进 40 m，上覆水压分别为 0.1 MPa、0.3 MPa、0.5 MPa、0.7 MPa、0.9 MPa 时，对应的顶板水下渗距离分别为 1.26 m、2.25 m、3.07 m、3.45 m、4.0 m。

（2）顶板水下渗距离随开挖步距的增大而增大。上覆水压为 0.1 MPa、0.3 MPa、0.5 MPa 时，巷道掘进后期（掘进 36~40 m），顶板水下渗距离值趋于稳定；上覆水压为 0.7 MPa、0.9 MPa 时，巷道掘进后期增长速率仍然较大，并未达到稳定状态。顶板水下渗距离值趋于稳定状态所需的开挖步距与上覆水压值大小正相关。

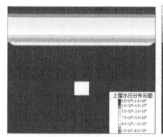 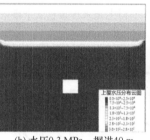 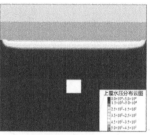

(a) 水压0.1 MPa，掘进40 m　　　(b) 水压0.3 MPa，掘进40 m　　　(c) 水压0.5 MPa，掘进40 m

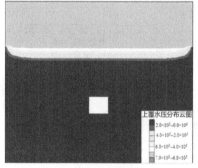 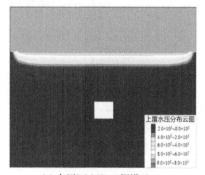

(d) 水压0.7 MPa，掘进40 m　　　　　　(e) 水压0.9 MPa，掘进40 m

图 4-49　巷道掘进终止处不同上覆水压分布云图对比

2. 不同水压条件下风氧化巷道顶板渗流场分布特征

以不同风氧化程度数值模拟巷道顶板监测点 E 破坏特征曲线图（图 4-51）为例，对比分析不同风氧化程度巷道围岩应力场、位移场及渗流场的差异性。由

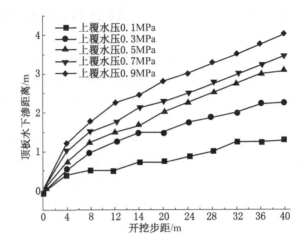

图 4-50　不同上覆水压顶板水下渗距离对比图

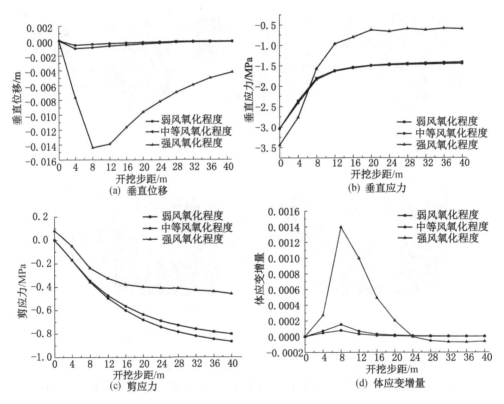

图 4-51　不同风氧化程度巷道围岩监测点 E 处破坏特征曲线图

图 4-51 可知：

（1）随着风氧化程度的增强，巷道围岩的垂直位移和体积应变增量出现突变跃升，即垂直位移的突变表明风氧化程度越高，巷道顶板失稳垮冒的风险越大，体积应变增量的跃升表明风氧化程度越高，巷道顶板含水层下渗侵入巷道空间的概率越大。

（2）风氧化程度的差异性不仅诱发巷道垂直位移和体应变增量的突变跃升，而且该类型的激增突变均发生在巷道掘进前期，即风氧化程度越高，巷道掘进前期诱发顶板失稳垮冒的概率越大。

5　风氧化富水巷道围岩控制关键技术

中煤平朔井工三矿 39107 辅运巷是典型的穿越风氧化地段的掘进巷道，在掘进过程中出现规模不等的多次局部冒顶，锚杆索及其构件损毁失效，后改为架棚支护，顶板下沉严重地段依然出现 U 型钢梁下沉弯曲等现象。不同风氧化程度围岩变形差异性显著，巷道稳态—亚稳态—失稳多重差异状态交替呈现，现有常规意义上的软岩分类控制机制已不能完全指导该类型巷道安全高效掘进。鉴于此，本章开展风氧化区域巷道围岩分级评价，并提出针对性的围岩控制对策。

5.1　间歇式注浆原位改性

针对风氧化变异煤岩体可锚可注性差、易冒浆、跑浆技术难题，结合注浆加固模拟试验结果，提出能够形成高强度网络骨架的"间歇式注浆"新工艺。

5.1.1　注浆材料

我国晋陕蒙等西部浅埋风氧化区域及华东两淮矿区提高开采上限地段，巷道围岩注浆常用材料主要有普通水泥、超细水泥、瑞米、马丽散等。根据中煤平朔集团注浆材料实际供应情况，本章主要针对瑞米和马丽散进行注浆加固室内试验研究。

5.1.2　注浆加固试验

1. 测定凝胶时间

马丽散和瑞米的凝胶时间测试结果如图 5-1 所示。马丽散的凝胶产物为泡沫状固体，体积膨胀，凝胶时间为 2 min 23 s，A、B 混合液反应放热，温度升高，放出气体，颜色逐渐呈现浅黄色。与马丽散不同，瑞米的 A、B 混合液出现浑浊黏稠状态，1 min 12 s 开始加速反应，伴有刺激性气味，浆液温度随之升高，2 min 19 s 浆液已基本凝固，失去流动性。

2. 测定絮凝时间

絮凝是指絮粒通过吸附、交联、网捕，聚结为大絮体而沉降的持续过程。从主剂与固化剂混合开始至这一时刻所经历的时间，称为絮凝时间。絮体从最初的极小颗粒，继而相互连接吸附，变成较大的线状、片状或团状絮体，因此，易于堵塞孔隙通道，降低渗透能力。絮凝时间的测定，将不断搅拌混合液体，用数码相机记录絮凝过程，根据图像后处理方法确定絮凝时间。马丽散絮凝时间为

(a) 马丽散固结体　　　　　　　　(b) 瑞米固结体

图 5-1　马丽散和瑞米凝胶时间实验对比

28 min 46 s，瑞米絮凝时间为 1 min 14 s，絮凝前黏度较高，在裂隙孔隙内渗透能力显著降低（图 5-2）。

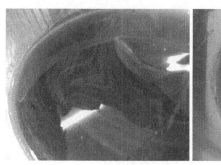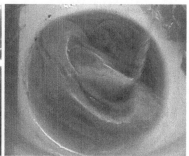

(a) 马丽散　　　　　　　　　　(b) 瑞米

图 5-2　注浆材料絮凝反应

5.1.3　试验结果

1. 马丽散注浆加固

根据注浆加固体剖面测量尺寸，可知马丽散浆液渗流半径为 200 mm，在间歇压力作用下，马丽散浆液沿着渗流通道周边开始渗透，形成固结体骨架，如图 5-3 所示。

2. 瑞米注浆

根据瑞米加固体剖面尺寸，可知瑞米渗流通道周边的渗透半径约为 250 mm，如图 5-4 所示。

3. 间歇式注浆

为提高风氧化富水巷道围岩稳定性，将常规注浆改为间歇式注浆，促使浆液

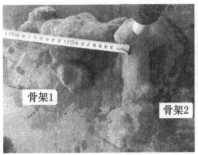

图 5-3 马丽散注浆加固实验实物图

图 5-4 瑞米注浆加固实验实物图

渗透至钻孔周围较大范围的风氧化变异煤岩体中,对风氧化变异煤岩体产生黏结固化作用,提高其可锚性,控制围岩泥化趋势,将松散破碎围岩胶结成整体,提高围岩整体强度和自承载能力,并为锚杆索支护提供可锚性较好的生根基础。

5.2　格栅钢架锚喷支护技术

格栅钢架由钢筋焊接而成,受力性能较好,整体刚度较大,与锚喷支护协同匹配,构成联合支护。两榀钢架间应设置钢拉杆,与锚喷联合使用时应保证格栅钢架与围岩喷层厚度相适应,且应具备一定的保护层。为架设方便,每榀钢架可多段铰接,并保证铰接处刚度,段数应与巷道断面大小及开挖方式相适应。

5.2.1　格栅钢架设计方案

格栅钢架采用钢筋地面加工制作,由主筋、副筋、配筋和连接件等构成,其主筋直径不宜小于 16 mm,材料宜采用 20MnSi 或 A3 钢。本次格栅钢架主筋规格

为 $\phi16\sim22$ mm，副筋规格为 $\phi12\sim16$ mm，配筋规格为 $\phi8\sim12$ mm。主体结构分为柱腿、顶梁两部分。如图 5-5 所示。

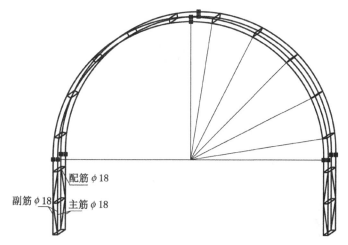

图 5-5　格栅钢架整体设计示意图

格栅钢架柱腿制造尺寸如图 5-6 所示。

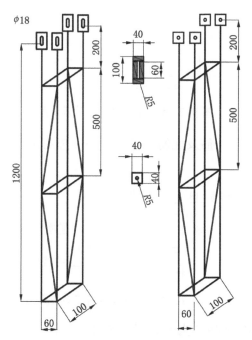

图 5-6　格栅钢架柱腿设计示意图

格栅钢架顶梁制造尺寸如图5-7所示。

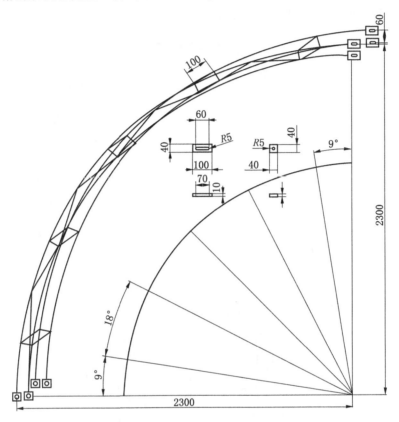

图5-7 格栅钢架顶梁设计示意图

格栅钢架的主筋、副筋及配筋连接构建外形选用矩形，断面尺寸如图5-8所示。

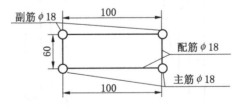

图5-8 格栅钢架断面尺寸示意图

钢架腿与钢架梁之间的铰接参数尺寸如图5-9所示。

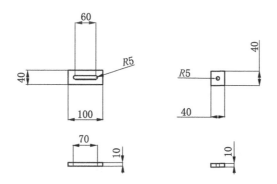

图 5-9 格栅钢架铰接构件设计示意图

格栅钢架与锚杆（锚索）联合支护使用，如图 5-10 所示。

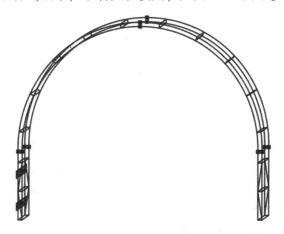

图 5-10 格栅钢架锚喷联合支护设计示意图

5.2.2 格栅钢架锚喷联合支护作用原理

格栅钢架由钢筋焊接而成，单独使用时整体刚性较差，通常与锚网索喷形成联合支护，发挥各自优势。普通钢筋架支护主要产生弯扭变形、拉剪等刚度破坏，主要是由于普通钢筋架本身结构刚度低、抗弯抗扭能力差。格栅钢架的作用特点正是基于上述普通钢筋变形破坏特点，通过力学设计转化普通钢筋的缺点，把钢筋抗弯、抗扭的部位通过结构优化设计转化为抗拉、抗压或抗剪的性能，受力情况如图 5-11 所示。

在承受高水平应力方面，格栅钢架具备优良表现。单一普通钢筋架承受水平应力时，轴力和钢筋架平面内的弯矩较小，平面的剪力水平较低，而垂直钢筋架

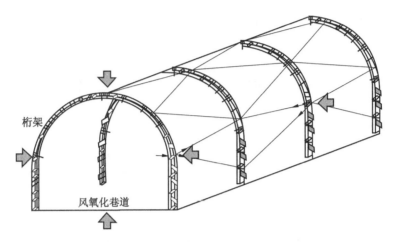

桁架

风氧化巷道

图 5-11　格栅钢架受力图

平面的弯矩数值较大，成为普通钢筋架的薄弱环节。而相同的荷载水平作用在格栅钢架顶部时，拉杆的作用将格栅钢架承受的垂直弯矩转化为相应的主筋、副筋平面内的剪切力和弯扭力，使格栅钢架整体受力均匀。

5.3　风氧化巷道围岩稳定性控制工程实践

针对中煤平朔风氧化区域巷道围岩失稳垮冒控制技术难题，采用第 2 章提出的"岩体风氧化程度综合指数"和风氧化程度分级评价系统，确定 39107 辅运巷穿越风氧化地段的不同等级，继而依据围岩差异性分类控制标准，确定不同风氧化程度巷道围岩分类控制技术方案。

5.3.1　39107 辅运巷风氧化地质概况

1. 井田大范围区域风氧化概述

井工三矿 39107 工作面位于井田西北部，所采 9 煤层因存在断层、冲刷带等构造，局部遭到破坏，出现上抬、下沉或缺失，井田北部埋藏较浅的煤层大部分遭受风氧化侵蚀，风氧化带范围如图 5-12 所示。

39107 采煤工作面标高 1180～1285 m，南靠 9 煤东翼辅运大巷（西段），北部靠近大沙沟及风氧化露头。地表为黄土丘陵，大部分被森林覆盖，沟谷发育，地面标高 1344.7～1425.6 m。煤层平均厚度 11.3 m，埋深 54.7～193.9 m，除南端有部分煤层处于不稳定带，煤层结构总体上比较稳定。9 煤层基本顶岩性为风氧化砂岩、粗粒砂岩，裂纹发育，强度衰减劣化。9 煤层直接顶岩性为风氧化泥岩、砂质泥岩，波状层理，微细软弱结构面发育，风氧化成土，沿软弱结构面易

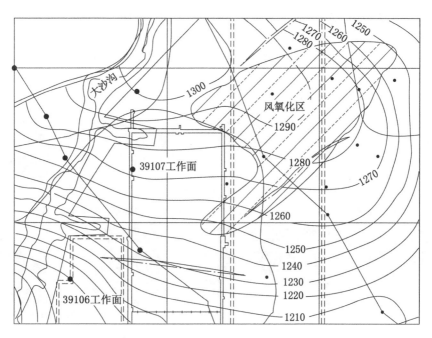

图 5-12　39107 辅运巷揭露风氧化带范围

风化破碎。9 煤层底板岩性为粉砂质泥岩，局部风氧化变异为粉土。

2. 39107 辅运巷布置方式及支护参数

39107 工作面开采方法为倾斜长壁式开采。辅运巷采用锚网索支护，矩形断面，净宽 5.0 m，净高 3.5 m。顶板锚杆选用直径为 22 mm、长度为 2400 mm 的左螺旋无纵筋螺纹钢锚杆，间排距为 700 mm×700 mm，顶板使用直径为 17.8 mm、长度为 7300 mm 的锚索，锚索间距为 2000 mm，排距为 2100 mm。39107 辅运巷帮锚杆采用直径为 22 mm、长度为 2400 mm 的锚杆。

3. 风氧化发育范围实测

（1）物探：现场采用瞬变电磁探测和高分辨电法仪探测，对比分析视电阻率断面等值线，发现 39107 工作面范围内存在视电阻率低阻异常区，异常区位于 39107 辅运巷掘进标定点位 QF_9、QF_{10} 之间，向工作面内有一定延伸，异常条带性不强，范围较小，异常幅度相对较弱，如图 5-12 所示。异常区主要受煤层风化的影响，裂隙相对发育，由此确定该异常区附近存在煤层风氧化侵蚀现象。

（2）钻探及钻孔窥视：在 39107 辅运巷 QF_9、QF_{10} 点之间（风氧化带地段），顶板打钻钻取岩芯，从风氧化地段最外一架棚子处向顶板取岩芯，钻探布置见第 2 章 "典型矿井风氧化岩石取样"。巷道顶板 0~7.8 m 范围内为风氧化顶煤，破碎松散，无法取出完整煤芯，仅得少量煤块，*RQD* 值为 0。顶板 7.8~16.3 m 范围内为风氧化泥岩，原直接顶砂质泥岩、炭质泥岩变异为粉土或黏泥，风氧化严重，无法获得完整岩芯。顶板 16.3~19.8 m 范围内为风氧化砂岩，能钻取较为完整的长度大于 10 cm 的砂岩岩芯，*RQD* 值为 20.5%，但由于风氧化作用，砂岩强度大幅度下降（图 5-13）。

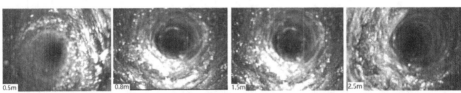

(a) 风氧化巷道顶板窥视，0~7.8 m，风氧化顶煤和泥岩，围岩破碎，变异为粉土或黏泥

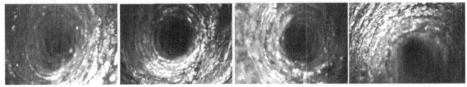

(b) 风氧化巷道顶板窥视，16.3~19.8 m，风氧化砂岩，围岩较破碎，胶结松散但内部仍保持原生色

图 5-13　39107 辅运巷风氧化顶板钻孔窥视

4. 地面钻孔资料统计

统计井工三矿 39107 工作面附近区域现有钻孔勘探资料（表 5-1）、井上下水文地质资料等，综合分析可知：39107 工作面开采范围以外（东北方向），4 号煤层、9 号煤层埋深较浅，风氧化较为严重；工作面开采范围内，风氧化现象从地表最为严重，直至发育至 9 号煤顶板，逐渐减弱，仍然具有一定强度的顶板砂岩没有完全风化破碎；39107 工作面附近风氧化带厚度呈现中间薄、边缘厚，井田南部相对薄、北部相对厚的趋势。

表 5-1　井工三矿井田内钻孔及风氧化带深度一览表

钻孔编号	地面标高/m	风氧化深度/m	9 号煤层底板距地面距离/m
OX-104	1437.58	134~140	138.12
OX-105	1415.92	128~138	132.70
110-130	1392.98	86~93	125.53
水补-3	1379.73	132~140	160.00

5.3.2　39107 辅运巷不同地段风氧化程度分级评价

在 39107 辅运巷掘进过程中，前期处于原始未风氧化区域，到达 QF$_9$ 标记点位时,逐渐进入风氧化地段,在风氧化地段开挖前行 65 m 之后,到达 QF_{10} 标记点位,随后又逐渐过渡至原始未风氧化区域。根据第 2 章提出的"岩体风氧化程度综合指数",现场钻探及室内测试定量获取 5 个评价指标值(风氧化强度衰减率、完整性变异系数、吸水率变异系数、渗透性变异系数、黏土类矿物颗粒含量变异系数),采用自主研发的巷道风氧化程度分级评价系统对 39107 辅运巷不同地段风氧化程度进行定量评价。

1. $QF_5 \sim QF_9$ 标记点位之间地段(未进入风氧化地段之前)

根据中煤平朔 9 号煤层原始未风氧化区域岩石物理力学参数测试结果,确定中煤平朔井工三矿 9 号煤层顶板原始未风氧化砂岩物理力学参数:单轴抗压强度值为 63.5 MPa、岩体完整性指标为 92%、吸水率为 0.13、渗透系数为 0.23×10^{-4} cm/s、黏土类易膨胀矿物颗粒含量为 6.5%;输入该地段巷道顶板风氧化砂岩的单轴抗压强度值为 52.5 MPa、完整性指标为 65%、吸水率为 0.18、渗透系数为 0.29×10^{-4} cm/s、黏土类易膨胀矿物颗粒含量为 8.5%。参数输入界面如图5-14 所示。

图 5-14 第 Ⅰ 地段巷道岩石物理力学参数输入界面

系统采用设置的算法,自动运算得出风氧化岩体强度衰减系数为 17.32%、风氧化岩体完整性变异系数为 29.35%、风氧化岩石吸水变异系数为 38.46%、风氧化岩石渗透性变异系数为 26.09%、风氧化黏土类易膨胀矿物颗粒含量变异系数为 30.77%。同时输入上述风氧化程度评价指标对应的权重,系统自动运算得出该地段巷道风氧化程度评价结果:微风氧化程度。参数输入和结果输出界面如图 5-15 所示。

2. QF_9 标记点位附近地段(过渡地段)

确定原始未风氧化岩石参数(同上)。

确定该地段风氧化评价指标值。输入该地段巷道顶板风氧化砂岩的单轴抗

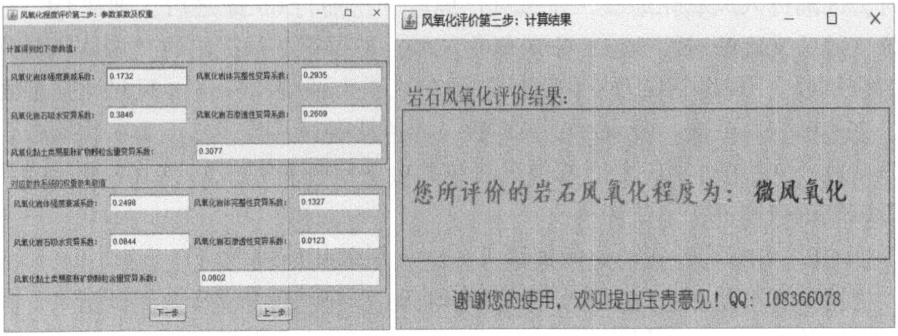

(a) 评价指标参数输入   (b) 结果输出

图 5-15　第Ⅰ地段巷道风氧化程度分级评价指标参数输入和结果输出界面

压强度值为 41.5 MPa、岩体完整性指标为 47%、吸水率为 0.2、渗透系数为 0.31×10⁻⁴ cm/s、黏土类易膨胀矿物颗粒含量为 10.5%。参数输入界面如图 5-16 所示。

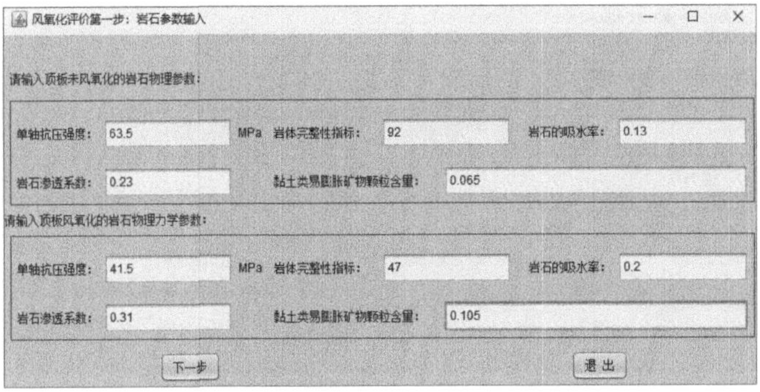

图 5-16　第Ⅱ地段待测巷道岩石物理力学参数输入界面

系统采用设置的算法，自动运算得出风氧化岩体强度衰减系数为 34.65%、风氧化岩体完整性变异系数为 48.91%、风氧化岩石吸水变异系数为 53.85%、风氧化岩石渗透性变异系数为 34.78%、风氧化黏土类易膨胀矿物颗粒含量变异系数为 61.54%。同时输入上述风氧化程度评价指标对应的权重，系统自动运算得出该地段巷道风氧化程度评价结果：弱风氧化程度。参数输入和结果输出界面如图 5-17 所示。

3. QF₉、QF₁₀标记点位之间（位于风氧化地段内）

确定原始未风氧化岩石参数（同上）。

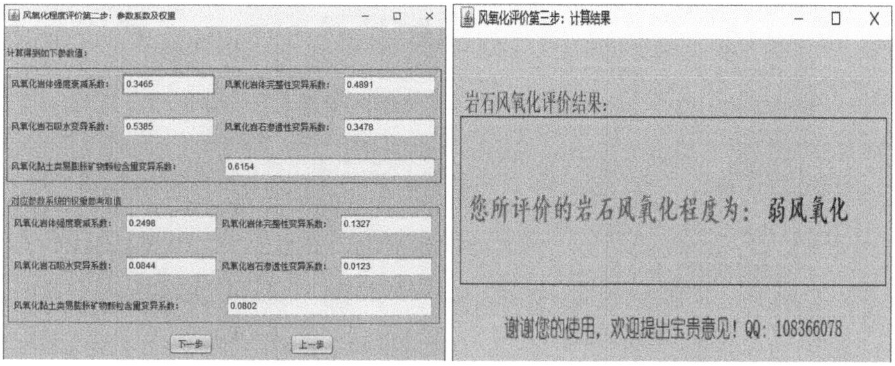

(a) 评价指标参数输入　　　　　　　　(b) 结果输出

图 5-17　第Ⅱ地段巷道风氧化程度分级评价指标参数输入和结果输出界面

确定该地段风氧化评价指标值。输入该地段巷道顶板风氧化砂岩的单轴抗压强度值为 13.5 MPa、岩体完整性指标为 20%、吸水率为 0.24、渗透系数为 $0.39×10^{-4}$ cm/s、黏土类易膨胀矿物颗粒含量为 12.7%。参数输入界面如图 5-18 所示。

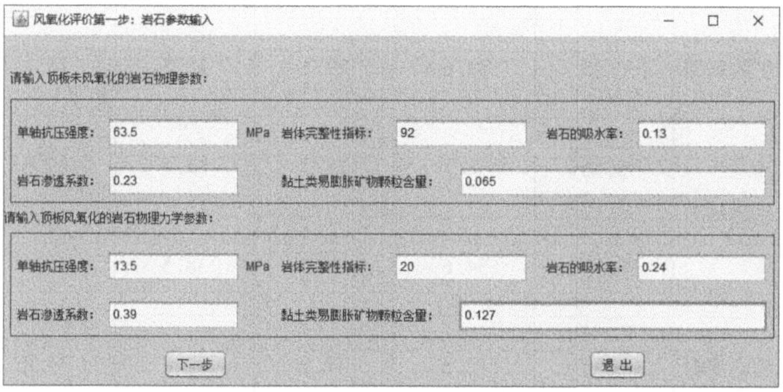

图 5-18　第Ⅲ地段待测巷道岩石物理力学参数输入界面

系统采用设置的算法，自动运算得出风氧化岩体强度衰减系数为 78.74%、风氧化岩体完整性变异系数为 78.26%、风氧化岩石吸水变异系数为 84.62%、风氧化岩石渗透性变异系数为 69.57%、风氧化黏土类易膨胀矿物颗粒含量变异系数为 95.38%。同时输入上述风氧化程度评价指标对应的权重，系统自动运算得出该地段巷道风氧化程度评价结果：中等风氧化程度。参数输入和结果输出界面如图 5-19 所示。

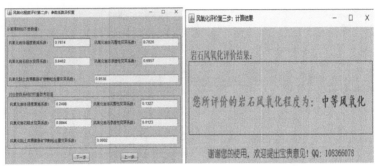

(a) 评价指标参数输入　　　　　　　(b) 结果输出

图 5-19　第Ⅲ地段巷道风氧化程度分级评价指标参数输入和结果输出界面

表 5-2　39107 辅运巷穿越风氧化带不同区域顶板分类

区域位置	风氧化顶板类型	风氧化程度综合指数	强度衰减率/%	完整性变异系数/%	吸水率变异系数/%	渗透性变异系数/%	黏土类矿物颗粒含量变异系数/%
$QF_5 \sim QF_9$ 点位之间	渐变趋稳型	0.14	17.3	48.9	53.8	34.8	61.5
QF_9 点位附近	突变致灾型	0.25	34.6	29.3	38.5	26.1	30.8
QF_9、QF_{10} 点位之间	渐变趋稳型	0.46	78.7	78.3	84.6	69.6	95.4
QF_{10} 点位附近		0.25	34.6	29.3	38.5	26.1	30.8
$QF_{10} \sim QF_{14}$ 点位之间	风氧化顶板	0.14	17.3	48.9	53.8	34.8	61.5

5.3.3　39107 辅运巷不同风氧化围岩差异性控制对策

根据上述不同风氧化区域巷道分级评价分类结果（表 5-2，图 5-20），结合间歇式注浆实验结果和格栅钢架锚喷联合支护设计方案，提出 39107 辅运巷不同风氧化围岩差异性控制对策：

（1）渐变趋稳型风氧化顶板（微风氧化、弱风氧化）：在原支护参数基础上，增加"间歇式注浆"原位改性新工艺，具体如图 5-21a 所示。

（2）突变致灾型风氧化顶板（中等风氧化、强风氧化）：在原支护参数基础

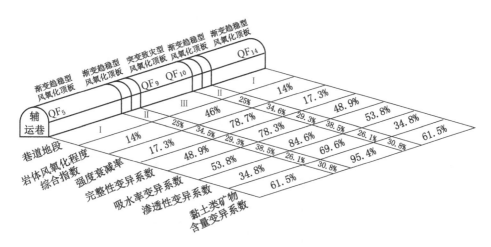

图 5-20 39107 辅运穿越风氧化带不同区域顶板分类

上，采用"间歇式注浆原位改性+格栅钢架锚喷"联合支护方式，并确定各项技术参数，具体如图 5-21b 所示。

1. 间歇式注浆钻孔布置

针对风氧化巷道围岩松散破碎、强度衰减、胶结性差的特点，采取注浆原位改性，以提高风氧化围岩自身承载能力。但常规注浆工艺单孔持续一次性注浆，浆岩结石体强度强化受限，且漏浆、跑浆问题突出，为此，采用能够形成高强度网络骨架的马丽散"间歇式"注浆新工艺。

根据前述研究成果，设计注浆钻孔技术参数：注浆站选择在 39107 辅运巷 QF_9 标定点位后方 16.5 m 处，拱形棚内帮距离底板 2.5 m 处为孔口位置，间歇式注浆每排布置 3 个注浆孔，注浆孔间排距为 2000 mm×2100 mm，钻孔斜向上与水平方向夹角为 15°，注浆孔孔径及孔深为 $\phi42$ mm×7000 mm，有效注浆深度为 5.64 m，注浆压力为 4~6 MPa。39107 辅运巷风氧化地段间歇式注浆钻孔布置如图 5-22 所示。

2. 注浆设备

（1）双组分化学气动注浆泵（ZQBS-8.4/12.5）：由气动控制阀、气缸、注浆缸等部分组成。

（2）双液注射混合枪：实现了马丽散双组分浆液在孔口位置自动配比混合（图 5-23）。

（3）环向膨胀式封孔器：实现孔内定位封孔和注浆（图 5-23）。

（4）注浆管、注浆锚杆：采用直径为 25 mm、壁厚 4 mm 的无缝钢管进行注

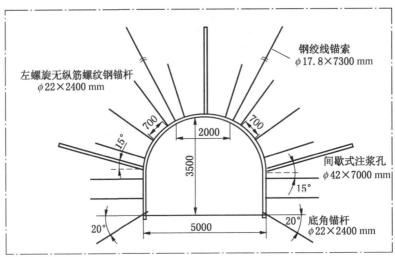

(a) 渐变趋稳型风氧化顶板（微风氧化、弱风氧化）

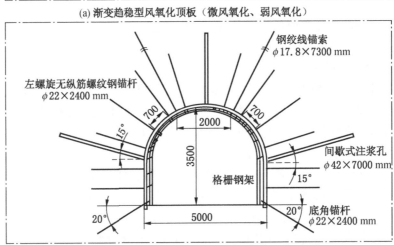

(b) 突变致灾型风氧化顶板（中等风氧化、强风氧化）

图 5-21 不同风氧化程度巷道围岩分类控制支护设计

浆，注浆完毕后留在风氧化岩体中，以加筋方式提高维护效果。

3. 注浆参数工艺

当注浆压力达到 5 MPa 或出现大面积漏浆时，即可换孔注浆或停止注浆。39107 辅运巷穿越风氧化地段时需注浆段长度为 65 m；待巷道掘进完毕，工作面开始回采过程中，亦需对煤壁片帮严重区域进行补注。

4. 注浆现场实施

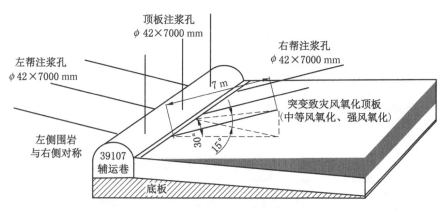

图 5-22　间歇式注浆钻孔布置示意图

 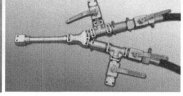

(a) 双液注射混合枪　　　　　　　　(b) 封孔器

图 5-23　双液注射混合枪和封孔器实物

未采取"间歇式注浆"新工艺之前，中煤平朔井工三矿在其他类似巷道注浆施工过程中，普遍存在单孔注浆量大（48～60 桶）、跑浆漏浆范围广、注浆材料浪费严重等技术问题。39107 辅运巷过风氧化带围岩加固施工期间，采取了"间歇式注浆"新工艺，单孔注浆量降至 20～23 桶/孔，节约注浆材料 52.1%～66.7%（图 5-24）。

5.3.4　39107 辅运巷围岩控制效果

在 39107 辅运巷掘进过程中，风氧化带不同地段分别实施不同控制对策。为检验风氧化围岩稳定性控制效果，选取渐变趋稳型、失稳垮冒型围岩地段分别跟踪观测围岩变形、支护体力学性态等并使用钻孔电视探测间歇式注浆封堵加固裂隙效果。

1. 围岩变形监测

（1）原始未风氧化巷道地段：顶、底板移近量为 122 mm（收敛率为 3.5%）、两帮移近量为 132 mm（收敛率为 3.3%），如图 5-25a 所示，围岩变形量和收敛率均较小，在原支护下可保持自稳，无须实施补强加固措施。

（2）QF$_9$ 标定点附近地段：原属于渐变趋稳型顶板，采取"间歇式注浆"原

图 5-24 39107 辅运巷注浆施工

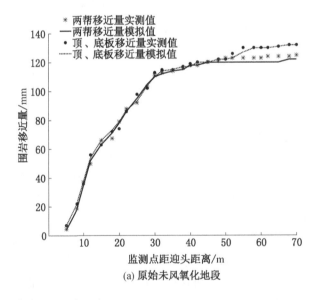

(a) 原始未风氧化地段

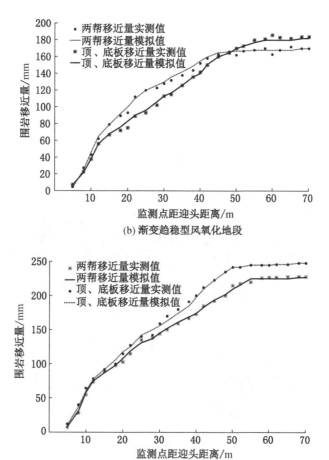

(b) 渐变趋稳型风氧化地段

(c) 失稳垮冒型风氧化地段

图 5-25　不同风氧化分类控制围岩变形监测

位改性新工艺后，顶、底板移近量减少至 170 mm（收敛率为 4.9%）、两帮移近量减少至 182 mm（收敛率为 4.6%），如图 5-25b 所示，由此可知在原有支护基础上，采用"间歇式注浆"原位改性新工艺支护对策后，弱风氧化围岩呈现整体趋稳状态。

（3）QF$_9$、QF$_{10}$区间地段：原属于失稳垮冒型，采取"间歇式注浆原位改性+格栅钢架锚喷"联合控制对策后，顶、底板移近量减少至 227 mm（收敛率为 6.5%）、两帮移近量减少至 248 mm（收敛率为 6.2%），如图 5-25c 所示，表明中等风氧化地段围岩失稳劣化趋势得到有效控制，确保了风氧化带最危险区域巷道施工安全。

2. 注浆效果检测

钻孔窥视摄像可以检测注浆后岩体完整性、裂隙充填度及浆液扩散情况等。在 39107 辅运巷设计 1 号和 2 号窥视钻孔，分别位于 QF_9 标定点位向里 20 m 处和 40 m 处，分别距离附近注浆孔 0.5 m，与巷道轴线夹角 60°，倾斜角 47°，深度 8.5 m。采用 YTJ 型岩层钻孔电视探测仪检测"间歇式"注浆对风氧化巷道围岩裂隙封堵加固效果。如图 5-26 所示，注浆前，孔周环形、纵向裂隙均发育，孔周围岩破碎，完整性差；注浆后，钻孔孔壁较平整，迹线为注浆后马丽散充填原有裂隙，原破碎岩体胶结成整体结构，突变致灾型风氧化顶板（中等风氧化、强风氧化）围岩完整性得到强化，如图 5-27 所示。

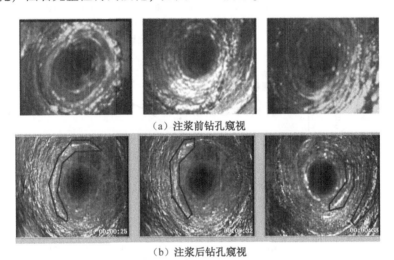

（a）注浆前钻孔窥视

（b）注浆后钻孔窥视

图 5-26　间歇式注浆封堵裂隙加固效果

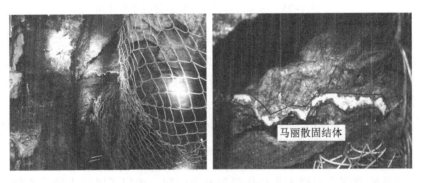

马丽散固结体

图 5-27　39107 辅运巷巷帮马丽散注浆固结体

参 考 文 献

［1］ 杨本水，孔一繁，余庆业．风氧化带内煤层安全开采的试验研究［J］．中国矿业大学学报，2004，33（1）：50-54.

［2］ 宣以琼，武强，杨本水．岩石的风化损伤属性与缩小防护煤柱开采机制研究［J］．岩石力学与工程学报，2005，24（11）：1911-1916.

［3］ 张志康．氧化带大断面硐室围岩变形机制及支护技术研究［D］．北京：中国矿业大学（北京），2013.

［4］ 田多，赵启峰，邵国安，等．风氧化带内综放开采覆岩变异特征与矿压显现规律研究［J］．采矿与安全工程学报，2015，32（5）：808-813.

［5］ John L. Jambor, D. Kirk Nordstrom, Charles N. Alpers. Sulfate minerals crystallography geochemistry and environmental significance［M］. Mineralogy and Geochemistry, 2000.

［6］ Sophie Denimal, Nicolas Tribovillard, Florent Barbecot, et al. Leaching of coal-mine tips (Nord-Pas-de-Calais coal basin, France) and sulphate transfer to the chalk aquifer: example of acid mine drainage in a buffered environment［J］. Environmental Geology, 2002, 42: 966-981.

［7］ Rachid Hakkou, Mostafa Benzaazoua, Bruno Bussière. Acid mine drainage at the Abandoned Kettara Mine (Morocco): 1. Environmental Characterization［J］. Mine Water Environ, 2008, 27: 145-159.

［8］ WANG Wei, YAN Jiangwei. The geological factor analysis of influenced Tianchi Coal Mine gas occurrence［J］. Procedia Engineering, 2012, 45: 317-321.

［9］ Łukasz Kruszewski. Gaseous compounds and efflorescences generated in self-heating coal-waste dumps —a case study from the Upper and Lower Silesian Coal Basins (Poland)［J］. International Journal of Coal Geology, 2013, 105: 91-109.

［10］ Mehdi Khorasanipour. Environmental mineralogy of cu-porphyry mine tailings, a case study of semi-arid climate conditions, Sarcheshmeh Mine, SE Iran［J］. Journal of Geochemical Exploration, 2015, 153, 40-52.

［11］ Guibin Zhang, Wenquan Zhang, Changhao Wang, et al. Mining thick coal seams under thin bedrock-deformation and failure of overlying strata and alluvium［J］. Geotech Geol Eng, 2016, 34: 1553-1563.

［12］ Elvis Fosso-Kankeu, Alusani Manyatshe, Frans Waanders. Mobility potential of metals in acid mine drainage occurring in the highveld area of Mpumalanga Province in South Africa: Implication of sediments and efflorescent crusts［J］. International Biodeterioration & Biodegradation, 2016, 119: 661-670.

［13］ 张宇驰，何廷峻．风氧化带内煤层开采覆岩移动破坏规律研究［J］．安徽理工大学学报（自然科学版），2003，23（2）：1-4.

［14］ 刘伟韬，霍志超，潘晓凤，等．薄基岩风氧化带附近防水煤岩柱的合理留设［J］．金属

矿山, 2014, 32 (2): 154-158.

[15] Cundall P A. Numerical modeling of jointed and faulted rock [A]. Mechanics of jointed and faulted rock [C]. Rotterdam: A . A . Balkema, 1990, 11-18.

[16] Sofianos A I, Kapenis A P. Numerical evaluation of the response in bending of an underground hard rock voussoir beam roof [J]. International Journal of Rock Mechanics and Mining Sciences and Geo-mechanics, 1998, 8: 1071-1086.

[17] Marcel A. Discontinuity networks inmudstones: A geological approach [J]. Bulletin of Engineering Geology and the Environment, 2006, 65 (4): 413-422.

[18] Komine H. Simplified evaluation for swelling characteristics of bentonites [J]. Engineering Geology, 2004, 71 (3-4): 265-279.

[19] Zdenek P, Bazant F. Continuum theory for strain-softening [J]. Journal of Engineering Mechanics, 1984, 110 (12): 1666-1692.

[20] Dragon A, Mroz Z. A model for plastic creep of rock-like materials accounting for the kinetics of fracture [J]. International Journal of Rock Mechanics and Mining Sciences & Geomechanics Abstracts, 1979, 16 (4): 253-259.

[21] Benmokrane B, Chennouf A, Mitri H S. Laboratory evaluation of cement-based grouts and grouted rock anchors [J]. International Journal of Rock Mechanics and Mining Sciences & Geomechanics, 1995, 32 (7): 633-642.

[22] Hawkins A. B. , Mcconnell B. J. Sensitivity of sandstone strength and deformability to changes in moisture content [J]. Quarterly Journal of Engineering Geology and Hydroge-ology, 1992, 25 (2) : 115-130.

[23] Ojo O, Brook N. The effect of moisture on some mechanical properties of rock [J]. Moberly, Mining Science and Technology, 1990, 10 (2): 145-156.

[24] Risnes R, Haghighi H, Korsnes R I, et al. Chalk fluid interactions with glycol and brines [J]. Tectonophysics, 2003, 370 (1-4): 213-226.

[25] Chugh Y P, R A Missavage. Effects of moisture on strata control in coal mines [J]. Engineering Geology, 1981, 17 (4): 241-255.

[26] Chang C D, Haimson B. Effect of fluid pressure on rock compressive failure in a nearly impermeable crystalline rock: Implication on mechanism of borehole breakouts [J]. Engineering Geology, 2006 (10): 10-16.

[27] Dunning J, Douglas B, Miller M, et al. The role of the chemical environment in frictional deformation: stress corrosion cracking and comminution [J]. Pure and Applied Geophysics, 1994, 43 (1/3): 151-178.

[28] Siavash Nadimi, Koroush Shahriar. Experimental creep tests and prediction of long-term creep behavior of grouting material [J]. Arab J Geosci, 2014, 7: 3251-3257.

[29] Jahangir Mirza, Kaveh Saleh, Marc-André Langevin, et al. Properties of microfine cement

grouts at 4 °C, 10 °C and 20 °C [J]. Construction and Building Materials 2013, 47: 1145-1153.

[30] Babak Nikbakhtan, Morteza Osanloo. Effect of grout pressure and grout flow on soil physical and mechanical properties in jet grouting operations [J]. International Journal of Rock Mechanics & Mining Sciences 2009, 46: 498-505.

[31] Bahman Bohloli, Elin Katrine Morgana, Eivind Gr? vb, et al. Strength and filtration stability of cement grouts at room and true tunneling temperatures [J]. Tunnelling and Underground Space Technology 2018, 71: 193-200.

[32] Nuno Cristelo, Edgar Soares, Ivo Rosa, et al. Rheological properties of alkaline activated fly ash used in jet grouting applications [J]. Construction and Building Materials 2013, 48: 925-933.

[33] A. Corradini, G Cerni, A D Alessandro, et al. Improved understanding of grouted mixture fatigue behavior under indirect tensile test configuration [J]. Construction and Building Materials 2017, 155: 910-918.

[34] Costas A. Anagnostopoulos. Effect of different superplasticisers on the physical and mechanical properties of cement grouts [J]. Construction and Building Materials, 2014, 50: 162-168.

[35] 郑春梅. 基于 DDA 的裂隙岩体水力耦合研究 [D]. 济南: 山东大学, 2010.

[36] 赵阳升, 杨栋, 冯增朝, 等. 多孔介质多场耦合作用理论及其在资源与能源工程中的应用 [J]. 岩石力学与工程学报, 2008, 27 (7): 1321-1328.

[37] 胡耀青, 赵阳升, 杨栋. 三维固流耦合相似模拟理论与方法 [J]. 辽宁工程技术大学学报, 2007, 26 (2): 204-206.

[38] 武强, 朱斌, 刘守强. 矿井断裂构造带滞后突水的流-固耦合模拟方法分析与滞后时间确定 [J]. 岩石力学与工程学报, 2011, 30 (1): 93-103.

[39] 康红普, 崔千里, 胡滨, 等. 树脂锚杆锚固性能及影响因素分析 [J]. 煤炭学报, 2014, 39 (1): 1-10.

[40] 张农, 李桂臣, 许兴亮. 泥质巷道围岩控制理论与实践 [M]. 徐州: 中国矿业大学出版社, 2011.

[41] 许兴亮, 张农, 李玉寿. 煤系泥岩典型应力阶段遇水强度弱化与渗透性实验研究 [J]. 岩石力学与工程学报, 2009, 28 (S1): 3089-3094.

[42] 王志清, 万世文. 顶板裂隙水对锚索支护巷道稳定性的影响研究 [J]. 湖南科技大学学报 (自然科学版), 2005, 20 (4): 26-29.

[43] 薛亚东, 黄宏伟. 水对树脂锚索锚固性能影响的试验研究 [J]. 岩土力学, 2005, 26 (S1): 31-34.

[44] 张盛, 勾攀峰, 樊鸿. 水和温度对树脂锚杆锚固力的影响 [J]. 东南大学学报 (自然科学版), 2005, 35 (S1): 49-54.

[45] 王成, 韩亚峰, 张念超. 渗水泥化巷道锚杆支护围岩稳定性控制研究 [J]. 采矿与安全工程学报, 2014, 31 (4): 575-579.

[46] 许兴亮, 张农. 富水条件下软岩巷道变形特征与过程控制研究 [J]. 中国矿业大学学报, 2007, 36 (3): 298-302.

[47] 勾攀峰, 陈启永, 张盛. 钻孔淋水对树脂锚杆锚固力的影响分析 [J]. 煤炭学报, 2004, 29 (6): 680-683.

[48] 周翠英, 谭祥韶, 邓毅梅, 等. 特殊软岩软化的微观机制研究 [J]. 岩石力学与工程学报, 2005, 24 (3): 394-400.

[49] 朱凤贤, 周翠英. 软岩遇水软化的耗散结构形成机制 [J]. 中国地质大学学报, 2009, 34 (3): 525-532.

[50] 许宏发, 耿汉生, 刘伟东, 等. 基于 BQ 的破碎岩体注浆加固强度增长理论 [J]. 岩土工程学报, 2014, 36 (6): 1147-1151.

[51] Hehua Zhu, Bin Ye, Yongchang Cai, et al. An elasto-viscoplastic model for soft rock around tunnels considering overconsolidation and structure effects [J]. Computers and Geotechnics, 2013, 50, 6-16.

[52] H N Wang, S Utili, M J Jiang, et al. An analytical approach for the sequential excavation of axisymmetric lined tunnels in viscoelastic rock [J]. International Journal of Rock Mechanics and Mining Sciences, 2014, 68, 85-106.

[53] 高延法, 曲祖俊, 牛学良, 等. 深井软岩巷道围岩流变与应力场演变规律 [J]. 煤炭学报, 2007, 32 (12): 1244-1252.

[54] 王波, 高延法, 王军. 流变扰动效应引起围岩应力场演变规律分析 [J]. 煤炭学报, 2010, 35 (9): 1446-1450.

[55] 岳艳艳. 深部黏土-煤系风化岩接触带类型及开采致灾机理研究 [D]. 徐州: 中国矿业大学, 2014.

[56] 蔡美峰. 岩石力学与工程 [M]. 北京: 科学出版社, 2013.

[57] 中华人民共和国国家标准编写组. GB/T 50218—2014 工程岩体分级标准 [S]. 北京: 中国计划出版社, 2015.

[58] Barton N. Analysis of rock mass quality and support practice in tunneling and a guide for estimating support requirements [J]. Rock Mechanics, 1974, 6 (4): 189-236.

[59] Barton N. Rock mass classification and tunnel reinforcement selection using the Q-system [C]. Proc. Symp. Rock Class. Eng. Purp., ASTM Special Technical Publiction. Philidellphia: American Society for Testing and Materials, 1988: 59-88.

[60] 高谦, 任天贵, 明士祥. 采场巷道围岩分类的概率统计分析方法及其应用 [J]. 煤炭学报, 1994, (2): 131-139.

[61] 朱一丁, 马文涛. 回采巷道围岩分类的支持向量机方法 [J]. 采矿与安全工程学报, 2006, 23 (3): 362-365.

[62] 蒋金泉, 冯增强, 韩继胜. 跨采巷道围岩结构稳定性分类与支护参数决策 [J]. 岩石力学与工程学报, 1999, 18 (1): 81-85.

[63] 庞建勇，郭兰波．平顶山矿区煤巷围岩综合分类方法探讨 [J]．岩石力学与工程学报，2006，25（1）：179-183.

[64] 余伟健，高谦，韩阳，等．非线性耦合围岩分类技术及其在金川矿区的应用 [J]．岩土工程学报，2008，30（5）：663-669.

[65] 冯增朝，赵阳升．岩体裂隙尺度对其变形与破坏的控制作用 [J]．岩石力学与工程学报，2008，27（1）：78-83.

[66] 胡滨，康红普，林健，等．风水沟矿软岩巷道顶板砂岩含水可锚性试验研究 [J]．煤矿开采，2011，16（1）：67-70.

[67] 李英勇，张顶立，张宏博，等．边坡加固中预应力锚索失效机制与失效效应研究 [J]．岩土力学，2010，31（1）：144-150.

[68] 郑西贵．煤矿巷道锚杆锚索托锚力演化机理及围岩控制技术 [D]．徐州：中国矿业大学，2013.

[69] 王卫军，罗立强，黄文忠．高应力厚层软弱顶板煤巷锚索支护失效机理及合理长度研究 [J]．采矿与安全工程学报，2014，31（1）：17-21.

[70] 贾明魁．锚杆支护煤巷冒顶事故研究及其隐患预测 [D]．北京：中国矿业大学（北京），2004.

[71] 贾明魁．锚杆支护煤巷冒顶成因分类新方法 [J]．煤炭学报，2005，30（5）：568-570.

[72] 刘洪涛，马念杰．煤矿巷道冒顶高风险区域识别技术 [J]．煤炭学报，2011，36（12）：2043-2047.

[73] 蒋力帅，马念杰，白浪，等．巷道复合顶板变形破坏特征与冒顶隐患分级 [J]．煤炭学报，2014，39（7）：1205-1211.

[74] 李术才，陈云娟，朱维申．DDARF 中锚杆失效及收敛判据的研究 [J]．岩土工程学报，2013，35（9）：1606-1611.

[75] 李桂臣，张农，许兴亮，等．水致动压巷道失稳过程与安全评判方法研究 [J]．采矿与安全工程学报，2010，27（3）：410-416.

[76] 杨亚会．数字散斑技术在保护层开采物理相似模拟实验中的应用研究 [D]．重庆：重庆大学，2017.

[77] 马少鹏．数字散斑相关方法在岩石破坏测量中的发展与应用 [D]．北京：清华大学，2003.

[78] Yamaguchi I, Simplified laser-speckle strain gauge [J]. Opt. Eng., 1982, 21 (3): 436-440.

[79] Peters W. H., Ranson W. F. Digital Imaging Techniques in Experimental Mechanics [J]. Opt. Eng., 1982, 21 (3): 427-431.

[80] Sutton M. A., Wolters W. J, Peters W. H, et al., Determination of displacements using an improved digital correlation method [J]. Image and Vision Computing, 1983, 1 (3): 133-139.

[81] G. Vendroux, W. G. Knauss. Submicron deformation field measurements：part 2. improved

digital image correlation [J]. Exp. Mech., 1998, 38 (2). 86-91.

[82] Yu Wang, A. M. Cuitino. Full-field measurements of heterogeneous deformation patterns on polymeric foams using digital image correlation [J]. International Journal of Solids and Structures, 2002, 39: 3777-3796.

[83] 高建新, 周辛庚. 变形测量中的数字散斑相关搜索法 [J]. 实验力学, 1991, 6 (4), 121-127.

[84] 芮嘉白, 金观昌, 徐秉业. 一种新的数字散斑相关方法及其应用 [J]. 力学学报, 1994, 26 (5), 599-607.

[85] 姜锦虎, 王海凤, 刘诚. 数字散斑图及相关测量系统抗噪声干扰能力关系的研究 [C] //全国第九届实验力学学术会议论文集, 1998, 294-297.

[86] 吴加权, 马琨, 李燕. 数字散斑相关方法用于 PMMA 弹性模量的测量 [J]. 力学与实践, 2007, 29 (5): 35-37.

[87] 程志恒, 齐庆新, 李宏艳, 等. 近距离煤层群叠加开采采动应力-裂隙动态演化特征实验研究 [J]. 煤炭学报, 2016, (2): 367-375.

[88] 王嵩, 左双英, 贾杰南, 等. 基于声发射的岩石动态损伤数值模拟试验 [J]. 四川建筑科学研究, 2017, 43 (5): 66-71.

[89] 庞正江, 孙豪杰, 赖其波, 等. 1:10 隧道锚缩尺模型的变形及应力特性 [J]. 岩石力学与工程学报, 2015, 34 (Z2): 3972-3978.

[90] 张茹, 谢和平, 刘建锋, 等. 单轴多级加载岩石破坏声发射特性试验研究 [J]. 岩石力学与工程学报, 2006, 25 (12): 2584-2588.

[91] 周喻, 张怀静, 吴顺川, 等. 节理连通率对岩体力学特性影响的细观研究 [J]. 岩土力学, 2015, 36 (Z2): 29-36.

[92] 聂韬译, 浦海, 刘桂宏, 等. 渗流-应力耦合下的裂隙岩体劈裂模型研究 [J]. 采矿与安全工程学报, 2015, 32 (6): 1026-1036.

[93] 谢强, 田大浪, 刘金辉, 等. 土质边坡的饱和-非饱和渗流分析及特殊应力修正 [J]. 岩土力学, 2019, 40 (3): 879-892.

[94] 王皓, 孙秀东. 富水巷道流固耦合效应 FLAC3D 模拟 [J]. 辽宁工程技术大学学报 (自然科学版), 2015, 34 (4): 468-473.

[95] 白国良. 基于 FLAC3D 的采动岩体等效连续介质流固耦合模型及应用 [J]. 采矿与安全工程学报, 2010, 27 (1): 106-110.

[96] 蔚立元, 李术才, 徐帮树, 等. 水下隧道流固耦合模型试验与数值分析 [J]. 岩石力学与工程学报, 2011, 30 (7): 1467-1474.

[97] Guibin Zhang, Wenquan Zhang, Changhao Wang, et al. Mining thick coal seams under thin bedrock-deformation and failure of overlying strata and alluvium [J]. Geotech Geol Eng, 2016, 34: 1553-1563.

[98] Peng Lin, Hongyuan Liu, Weiyuan Zhou. Experimental study on failure behaviour of deep tun-

nels under high in-situ stresses [J]. Tunnelling and Underground Space Technology, 2015, 46, 28-45.

[99] Myung Sagong, DuheePark, JaehoYoo. Experimental and numerical analyses of an opening in a jointed rock mass under biaxial compression [J]. International Journal of Rock Mechanics & Mining Sciences, 2011, 48: 1055-1067.

[100] Shu cai Li, Qi Wang, Hongtao Wang, et al. Model test study on surrounding rock deformation and failure mechanisms of deep roadways with thick top coal [J]. Tunnelling and Underground Space Technology, 2015, 47: 52-63.

[101] Meguid M A, Saada O, Nunes M A. Physical modeling of tunnels in soft ground [J]. Tunnelling and Underground Space Technology, 2008, 23 (2): 185-198.

[102] Shigekazu Seki, Shinobu, Yasutaka Morisaki, et al. Model experiments for examining heaving phenomenon in tunnels [J]. Tunnelling and Underground Space Technology, 2008, 23: 128-138.

[103] 高富强, 康红普, 林健. 深部巷道围岩分区破裂化数值模拟 [J]. 煤炭学报, 2010, 35 (1):21-25.

[104] 李晓鹏. 风氧化软岩巷道变形机理及其控制研究 [D]. 太原: 太原理工大学, 2015.

[105] 黄耀光, 王连国, 陆银龙. 巷道围岩全断面锚注浆液渗透扩散规律研究 [J]. 采矿与安全工程学报, 2015, 32 (2): 240-246.

[106] Baotang Shen. Coal mine roadway stability in soft rock: a case study [J]. Rock Mechanics and Rock Engineering, 2014, 47: 2225-2238.

[107] Hernqvist Lisa, Butrón Christian, Fransson ? sa, et al. A hard rock tunnel case study: characterization of the water-bearing fracture system for tunnel grouting [J]. Tunnelling and Underground Space Technology, 2012, 30: 132-144.

[108] S Shreedharan, P H S, W Kulatilake. Discontinuum-equivalent continuum analysis of the stability of tunnels in a deep coal mine using the distinct element method [J]. Rock Mech Rock Eng, 2016, 49: 1903-1922.

[109] R K Goel, Anil Swarup, P. R. Sheorey. Bolt length requirement in underground openings [J]. International Journal of Rock Mechanics & Mining Sciences, 2007, 44: 802-811.

[110] 何满潮, 吕晓俭, 景海河. 深部工程围岩特性及非线性动态力学设计理念 [J]. 岩石力学与工程学报, 2002 (8): 1215-1224.

[111] 康红普, 范明建, 高富强, 等. 超千米深井巷道围岩变形特征与支护技术 [J]. 岩石力学与工程学报, 2015, 34 (11): 2227-2241.

[112] 王连国, 陆银龙, 黄耀光, 等. 深部软岩巷道深-浅耦合全断面锚注支护研究 [J]. 中国矿业大学学报, 2016, 45 (1): 11-18.

[113] 牛双建, 靖洪文, 杨旭旭, 等. 深部巷道破裂围岩强度衰减规律试验研究 [J]. 岩石力学与工程学报, 2012, 31 (8): 1587-1596.

[114] 康永水，刘泉声，赵军，等．岩石冻胀变形特征及寒区隧道冻胀变形模拟［J］．岩石力学与工程学报，2012，31（12）：2518-2526.

[115] 屠世浩，邹喜正，陈宜先．厚煤层全煤巷采区巷道布置关键技术研究［J］．中国矿业大学学报，2004（2）：50-53.

[116] 焦玉勇，王浩，马江锋．土石混合体力学特性的颗粒离散元双轴试验模拟研究［J］．岩石力学与工程学报，2015，34（S1）：3564-3573.

[117] 孟庆彬，韩立军，乔卫国，等．泥质弱胶结软岩巷道变形破坏特征与机理分析［J］．采矿与安全工程学报，2016，33（6）：1014-1022.

[118] 严红，何富连，段其涛，等．淋涌水碎裂煤岩顶板煤巷破坏特征及控制对策研究［J］．岩石力学与工程学报，2012，31（3）：524-533.

[119] 谷烨真．晋北煤矿5煤层风氧化分布规律研究［J］．煤炭与化工，2015，38（10）：92-94.

[120] 李小龙，姚多喜，杨金香，等．孙疃煤矿7211工作面基岩风化带特征［J］．煤田地质与勘探，2014，42（1）：46-52.

[121] 李清，张随喜，于强，等．山浪煤矿风氧化带围岩力学性能实验研究［J］．煤炭技术，2018，34（4）：13-15.

[122] 李春意，刘红元，崔希民，等．水环境作用下采动诱发冲积层沉降特征及机理分析［J］．中国矿业大学学报，2019，48（1）：222-228.

[123] 杜锋，白海波．厚松散层薄基岩综放开采覆岩破断机理研究［J］．煤炭学报，2012，37（7）：1106-1110.

[124] 任启寒．厚松散含水层下薄基岩采场水-岩耦合致灾机理［D］．淮南：安徽理工大学，2017.

[125] 徐洋洋，李文平，白汉营．深部土煤系风化岩接触带类型划分及其意义［J］．中国煤炭地质，2012，24（4）：53-55.

[126] 陈贵祥．口孜东矿13-1煤层顶板工程地质特征及稳定性评价［D］．淮南：安徽理工大学，2014.

[127] 黄达．大型地下洞室开挖围岩卸荷变形机理及其稳定性研究［D］．成都：成都理工大学，2007.

[128] 姚强岭．富水巷道顶板强度弱化机理及其控制研究［D］．徐州：中国矿业大学，2011.

[129] 向前．节理岩体宏观变形特性研究及工程应用［D］．武汉：武汉大学，2016.

[130] 王云飞，龚健，陈赞成．不同围压下煤岩变形与剪胀扩容模型［J］．水文地质工程地质，2015，42（1）：106-111.

[131] 李建朋，母焕胜，高岭．高应力卸荷条件下砂岩扩容特征及其剪胀角函数［J］．岩土力学，2019，40（6）：1-8.

[132] 潘继良，高召宁，任奋华．考虑应变软化和扩容的圆形巷道围岩强度准则效应［J］．煤炭学报，2018，43（12）：3293-3301.

[133] 彭瑞. 深部巷道耦合支承层力学分析及分层支护控制研究 [D]. 淮南：安徽理工大学, 2017.

[134] 彭俊. 脆性岩石强度与变形特性研究 [D]. 武汉：武汉大学, 2015.

[135] 腾俊洋, 唐建新, 李欣怡. 含孔洞加锚岩石力学特性及裂纹扩展规律 [J]. 岩石力学与工程学报, 2018, 37 (1)：87-103.

[136] 李志成, 刘建锋, 邓朝福, 等. 含杂质盐岩三点弯曲变形破坏特征试验研究 [J]. 岩土工程学报, 2018, 40 (S2)：101-106.

[137] Hoek E. Strength of rock and rock masses [J]. ISRM News Journal, 1994, 2 (2)：4-16.

[138] 张春会, 徐晓攀, 王锡朝, 等. 考虑围压影响的岩石弹脆塑力学模型 [J]. 采矿与安全工程学报, 2015, 32 (1)：132-137.

[139] 杨天鸿, 陈仕阔, 朱万成, 等. 矿井岩体破坏突水机制及非线性渗流模型初探 [J]. 岩石力学与工程学报, 2008, 27 (7)：1412-1416.

[140] 王波, 高延法, 夏方迁. 流变特性引起围岩应力场演变规律分析 [J]. 采矿与安全工程学报, 2011, 28 (3)：441-445.

[141] 张占荣. 裂隙岩体变形特性研究 [D]. 北京：中国科学院研究生院, 2010.

[142] 王其洲. 软岩巷道峰后锚固承载结构弱化失稳机理及稳定控制技术 [D]. 徐州：中国矿业大学, 2016.

[143] 王汉鹏, 李术才, 张强勇, 等. 新型地质力学模型试验相似材料的研制 [J]. 岩土力学与工程学报, 2006, 9 (25)：1843-1844.

[144] 张杰, 侯忠杰. 固-液耦合试验材料的研究 [J]. 岩土力学与工程学报, 2004, 23 (18)：3157-3161.

[145] 杨俊杰. 相似理论与结构模型试验 [M]. 武汉：武汉工业大学出版社, 2005.

[146] 马芳平, 李仲奎, 罗光福. NIOS 相似材料及其在地质力学相似模型试验中的应用 [J]. 水力发电学报, 2004, 23 (1)：48-51.

[147] 左保成, 陈从新, 刘才华. 相似材料试验研究 [J]. 岩土力学, 2004, 25 (11)：1805-1808.

[148] 种照辉. 水力压裂诱导含天然缺陷页岩裂隙扩展机制及应用研究 [D]. 徐州：中国矿业大学, 2018.

[149] 王磊, 朱传奇, 殷志强, 等. 松软煤体力学特征的含水率效应试验研究 [J]. 采矿与安全工程学报, 2016, 33 (6)：1145-1151.

[150] 杨鑫, 徐曾和, 杨天鸿, 等. 西部典型矿区风积沙含水层突水溃沙的起动条件与运移特征 [J]. 岩土力学, 2018, 39 (1)：22-35.

[151] 娄金福, 许家林, 庄德林, 等. 松散承压含水层载荷传递机理的实验研究 [J]. 采矿与安全工程学报, 2007, 24 (1)：48-50.

[152] Peters W. H., Ranson W. F., Sutton M. A. et al. Application of digital correlation methods to rigid body mechanics [J]. Opt. Eng., 1983, 22 (6)：738-742.

[153] 李庶林，尹贤刚，王泳嘉，等．单轴受压岩石破坏全过程声发射特征研究［J］．岩石力学与工程学报，2004，23（15）：2499-2503.

[154] 刘保县，黄敬林，王泽云，等．单轴压缩煤岩损伤演化及声发射特性研究［J］．岩石力学与工程学报，2009，28（z1）：3234-3238.

[155] 张艳博，梁鹏，田宝柱，等．花岗岩灾变声发射信号多参量耦合分析及主破裂前兆特征试验研究［J］．岩石力学与工程学报，2016，35（11）：2248-2258.

[156] 张春会，郑晓明．岩石应变软化及渗透率演化模型和试验验证［J］．岩土工程学报，2016，38（6）：1125-1132.

[157] 于永江．煤体非均质随机裂隙模型及渗流-应力耦合分析［D］．阜新：辽宁工程技术大学，2010.

[158] 李忠建．半胶结低强度围岩浅埋煤层开采覆岩运动及水害评价研究［D］．青岛：山东科技大学，2011.

[159] S. Shreedharan, P H. S. W. Kulatilake. Discontinuum-equivalent continuum analysis of the stability of tunnels in a deep coal mine using the distinct element method［J］. Rock Mech Rock Eng, 2016, 49：1903-1922.

[160] 戴轩，郑刚，程雪松，等．基于 DEM-CFD 方法的基坑工程漏水漏砂引发地层运移规律的数值模拟［J］．岩石力学与工程学报，2019，38（2）：397-408.

[161] 赵光明，张小波，王超，等．软弱破碎巷道围岩深浅承载结构力学分析及数值模拟［J］．煤炭学报，2016，41（7）：1632-1642.

[162] 张岩．风氧化带内 U 型棚支护技术的研究与应用［J］．煤矿现代化，2016（6）：7-8.

[163] 刘旦龙，邓明亮，李光辉，等．风氧化带锚网索支护技术的研究与应用［J］．煤矿开采，2016，17（3）：45-62.

[164] 张华磊，涂敏，程桦，等．薄基岩采场覆岩破断机理及风氧化带整体注浆加固技术［J］．煤炭学报，2018，43（8）：2126-2132.

[165] 李海燕，胥洪彬，李召峰，等．深部巷道断层涌水治理研究［J］．采矿与安全工程学报，2018，35（3）：636-648.

[166] 王其洲．软岩巷道峰后锚固承载结构弱化失稳机理及稳定控制技术［D］．徐州：中国矿业大学，2016.

[167] Yuyong Jiao, Liang Song, Xinzhi Wang, et al. Improvement of the U-shaped steel sets for supporting the roadways in loose thick coal seam［J］. International Journal of Rock Mechanics and Mining Sciences, 2013, 60：19-25.

[168] Wu Z M, Yang S T, Wu Y F, et al. Analytical method for failure of anchor-grout-concrete anchorage due to concrete cone failure and interfacial debonding［J］. Journal of Structural Engineering, 2009, 135（4）：356-365.

[169] 崔兆帮，朱炎铭，奚方喆，等．河北大城地区煤层气风氧化带深度研究及其意义［J］．煤炭技术，2015，34（9）：113-115.

[170] 占文锋，王强，刘太福，等. 高分辨率地震反射技术在煤层风氧化带探测中的应用 [J]. 煤炭工程，2015，47（1）：53-56.

[171] 张枫林，孙云飞. 风化基岩断层破碎带巷道注浆加固技术研究 [J]. 煤炭科技，2011，（2）：8-9.

[172] 王作成，李奋强. 复杂煤矿区帷幕注浆浆液及其隔水机理 [J]. 中南大学学报（自然科学版），2013，44（2）：778-784.

[173] Fangtian Wang, Cun Zhang, Shuaifeng Wei, et al. Whole section anchor-grouting reinforcement technology and its application in underground roadways with loose and fractured surrounding rock [J]. Tunneling and Underground Space Technology, 2016, 51: 133-143.

[174] 许宏发，耿汉生，刘伟东，等. 基于 BQ 的破碎岩体注浆加固强度增长理论 [J]. 岩土工程学报，2014，36（6）：1147-1151.

[175] ZHANG Nong, WANG Cheng, XU Xingliang, et al. Anglicization of surrounding rock due to water seepage and anchorage performance protection [J]. Materials Research Innovations, 2011, 15 (Sup1): 582-585.

[176] R. K. Goel, Anil Swarup, P. R. Sheorey. Bolt length requirement in underground openings [J]. International Journal of Rock Mechanics & Mining Sciences, 2007, 44: 802-811.

[177] Barton N, Lien R, Lunde J. Engineering classification of rock masses for the design of tunnel support [J]. Rock Mechanics, 1974, 6 (4): 183-236.

[178] Yongshui Kang, Quansheng Liu, Guangqing Gong, et al. Application of a combined support system to the weak floor reinforcement in deep underground coal mine [J]. International Journal of Rock Mechanics & Mining Sciences, 2014, 71: 143-150.

[179] 刘生优. 软弱覆岩强含水层下综放开采覆岩运移规律及水砂防控技术研究 [D]. 徐州：中国矿业大学，2017.

[180] Hernqvist Lisa, Butrón Christian, Fransson Åsa, Gustafson Gunnar, et al. A hard rock tunnel case study: Characterization of the water-bearing fracture system for tunnel grouting [J]. Tunnelling and Underground Space Technology, 2012, 30: 132-144.

[181] 赵明，赵健，郑志阳. 谢桥矿水体下煤层 1202（1）工作面提高开采上限研究 [J]. 中国煤炭，2016，42（12）：59-62.

[182] 冯冰. 深埋破碎岩体劈裂渗透及卸压诱导注浆扩散机制 [D]. 徐州：中国矿业大学，2017.

[183] 张德华，刘士海，任少强. 高地应力软岩隧道中型钢与格栅支护适应性现场对比试验研究 [J]. 岩石力学与工程学报，2014，33（11）：2258-2266.

[184] 李术才，陈红宾，章冲，等. 粉质黏土隧道超前支护作用效果研究 [J]. 岩土力学，2017，38（S2）：287-294.

[185] 张厚江，焦玉勇，孟昭君，等. 用全封闭格栅钢架控制膨胀性软岩巷道变形破坏的研究与实践 [J]. 岩石力学与工程学报，2017，36（S1）：3392-3400.

［186］陈峰宾．隧道初期支护与软弱围岩作用机理及应用［D］．北京：北京交通大学，2012.

［187］姜玉松．地下工程施工技术［M］．2版．武汉：武汉理工大学出版社，2015.

［188］徐华生，彭世龙，荣传新，等．厚风氧化带注浆改性后采场矿压显现特征分析［J］．安徽理工大学学报（自然科学版），2017，37（6）：77-81.

［189］李健．官地矿综放工作面围岩注浆加固技术及应用［D］．太原：太原理工大学，2017.

图书在版编目（CIP）数据

浅埋煤层风氧化富水区域巷道失稳机理与控制/赵
启峰等著 . --北京：应急管理出版社，2021

ISBN 978-7-5020-8634-3

I.①浅… Ⅱ.①赵… Ⅲ.①薄煤层—矿山开采—巷
道围岩—稳定性—研究 Ⅳ.①TD823.25

中国版本图书馆 CIP 数据核字（2021）第 012190 号

浅埋煤层风氧化富水区域巷道失稳机理与控制

著　　者	赵启峰　张　农　李桂臣　彭　瑞
责任编辑	成联君
编　　辑	杜　秋
责任校对	孔青青
封面设计	解雅欣

出版发行　应急管理出版社（北京市朝阳区芍药居 35 号　100029）
电　　话　010-84657898（总编室）　010-84657880（读者服务部）
网　　址　www.cciph.com.cn
印　　刷　廊坊市印艺阁数字科技有限公司
经　　销　全国新华书店

开　　本　710mm×1000mm$^1/_{16}$　**印张**　9$^1/_4$　**字数**　164 千字
版　　次　2021 年 12 月第 1 版　2021 年 12 月第 1 次印刷
社内编号　20201699　　　　　　　**定价**　36.00 元